液压气动经典图书元件系列

径向柱塞泵关键技术

郭　桐　编著

机 械 工 业 出 版 社

本书探讨了径向柱塞泵的基本结构、分类、工作特性、设计理论、密封方式以及计算机仿真分析等关键技术；第 1 章介绍了液压泵技术的发展历程；第 2 章详细阐述了径向柱塞泵的结构特点、分类体系及各类径向柱塞泵的工作机理和设计理论，系统地梳理了径向柱塞泵相关性能参数的内涵和评价方法；第 3 章论述了径向柱塞泵的柱塞副、传动轴以及泵内流道的结构要点和基本设计理论；第 4 章详细介绍了径向柱塞泵的密封技术，系统地梳理了泄漏的产生机理、密封方法和常用密封件的工作特性及使用场合，并介绍了径向柱塞泵的柱塞副、泵体动静密封的技术方案和设计要点；第 5 章阐述了径向柱塞泵的计算机仿真理论和常用技术，结合案例介绍了基于 Fluent 的 CFD 仿真分析方法和基于 AMESim 的径向柱塞泵液压系统仿真分析方法。

本书内容是作者对以往十余年开展径向柱塞泵相关技术研究工作的梳理和总结，希望能为广大读者了解径向柱塞泵和开展相关研究提供参考。

本书可作为机械工程类本科生、研究生的教材或主要参考书，也可作为液压传动相关领域专业技术人员培训和参考用书。

图书在版编目（CIP）数据

径向柱塞泵关键技术/郭桐编著．—北京：机械工业出版社，2022.4（2024.8 重印）
（液压气动经典图书元件系列）
ISBN 978-7-111-70238-2

Ⅰ.①径…　Ⅱ.①郭…　Ⅲ.①径向柱塞泵－研究　Ⅳ.①TH32

中国版本图书馆 CIP 数据核字（2022）第 031454 号

机械工业出版社（北京市百万庄大街 22 号　邮政编码 100037）
策划编辑：张秀恩　　　　责任编辑：王春雨
责任校对：陈　越　李　婷　封面设计：马精明
责任印制：张　博
北京雁林吉兆印刷有限公司印刷
2024 年 8 月第 1 版第 2 次印刷
169mm×239mm · 11.25 印张 · 228 千字
标准书号：ISBN 978-7-111-70238-2
定价：79.00 元

电话服务　　　　　　　　网络服务
客服电话：010-88361066　机　工　官　网：www.cmpbook.com
010-88379833　机　工　官　博：weibo.com/cmp1952
010-68326294　金　书　网：www.golden-book.com
封底无防伪标均为盗版　机工教育服务网：www.cmpedu.com

前
PREFACE

径向柱塞泵是一类柱塞沿径向安装在泵体内，并在传动轴的驱动下做径向往复运动的容积式液压泵。相较于其他种类的液压泵，径向柱塞泵具有传动简单、柱塞直径大、易于实现高压力和大排量的优点，因此常被用作特钢冶炼、大型金属件锻压成形等高功率装备液压传动系统的主泵，广泛应用于冶金、锻压、船舶、国防工业、航空航天以及汽车工业等领域中。研制出高性能的径向柱塞液压泵是实现国家“工业强基工程”的重要内容，也是国家装备制造实力的标志之一。

我国是全球第二大液压产品市场，随着工业技术的蓬勃发展，液压装备的需求还在急剧增加，市场空间巨大。目前国内液压泵年产量超过 500 多万台，但以中、低端产品为主，高端液压泵目前仍然依赖进口。我国仅特钢行业每年采购进口柱塞泵产品一项，就需要花费数十亿元人民币，此外，进口高压泵还存在供货周期长、售后服务烦琐等问题，这些都制约着我国大型制造装备技术的长远发展，被称为“鲠在中国装备制造业咽喉的一根刺”。

要改变我国柱塞泵产业大而不强的局面，需要相关领域的科技人员和生产企业持之以恒地投入大量精力开展研究和创新。作者自 2010 年起开始投入径向柱塞泵技术的研究工作，本书是对既往工作的梳理和对径向柱塞泵及其关键技术的归纳总结，希望能够为广大读者提供有价值的参考。

虽然作者在写作时力图表述清晰准确，文献引证翔实，但由于水平有限，书中难免存在疏漏和不妥之处，希望读者批评、指正。

作者感谢西安交通大学赵升吨教授的培养，感谢华侨大学智能电液比例与节能技术团队对该研究工作的支持，感谢福建省移动机械绿色智能驱动与传动重点实验室、国家重点研发计划“高压重载四象限液压泵及能量回收系统研发与示范应用”以及浙江大学流体动力与机电系统国家重点实验室开放基金的资助，感谢所有在作者的求学和科研道路上给予关心和帮助的师长、同窗、同事和朋友们。

作者的联系邮箱：guot@hqu.edu.cn（或 guotong_ace@163.com）。

ORCID 主页地址：https://orcid.org/0000-0002-6589-9999。

郭桐　华侨大学

目录 CONTENTS

第 1 章

液压泵技术的发展历程

1.1 液压泵的由来

在液压传动技术诞生之前漫长的农耕时代，人们就已经开始利用原始的机械装置来运水，只不过其目的不是用水来做功，而是用于灌溉农作物。最早的输水装置可以追溯到公元前 2200 年产生于美索不达米亚平原的汲水吊杆（shaduf）[1]，如图 1-1所示，它由一个杠杆和一个绑缚在杠杆端部的盛水容器组成。在人的操作下，

图 1-1　汲水吊杆示意图

能够将位于低处的井水、池水或河水提升起来灌溉高处的农田。这种简单的装置后来在中国、古埃及和波斯等不同国家也都曾被使用过。在其后，还出现了水车（埃及、波斯、中国）、辘轳（中国）、机汲（中国）等效率更高的汲水灌溉装置[2, 3]，如图 1-2 所示。

图 1-2　农耕时代的原始汲水灌溉装置

a）水车　b）辘轳　c）机汲

希腊数学家、工程师阿基米德（Archimedes，约公元前 287—公元前 212）在其著作中描述了一种手摇的连续输水装置，被称为“阿基米德螺旋泵（Archimedes Screw）”，如图 1-3 所示，它由一个倾斜放置的圆筒和安装在其中的与手柄相连的螺旋杆组成，螺旋杆将圆筒内腔隔成了一个个高度不同的储水室，摇动手柄时，随着螺杆的旋转，储水室向上运移，就将圆筒底部的水不断地举升到顶部。关于阿基米德螺旋泵是否由阿基米德本人发明学术界存在争议，有些学者认为它早在阿基米德的时代之前就已经被人们使用了几个世纪。不过，它被普遍认为是最接近现代意义的泵的一种机械装置[2]。

虽然阿基米德螺旋泵在外形上与今天的单螺杆泵（见图 1-4）有很大的相似性，但是它们所采用的工作原理本质上是截然不同的。现代单螺杆泵是一种容积式泵，定子内壁面是双螺旋面，它与转子的单螺旋面间形成一连串的密封腔室，螺杆

图1-3　阿基米德螺旋泵

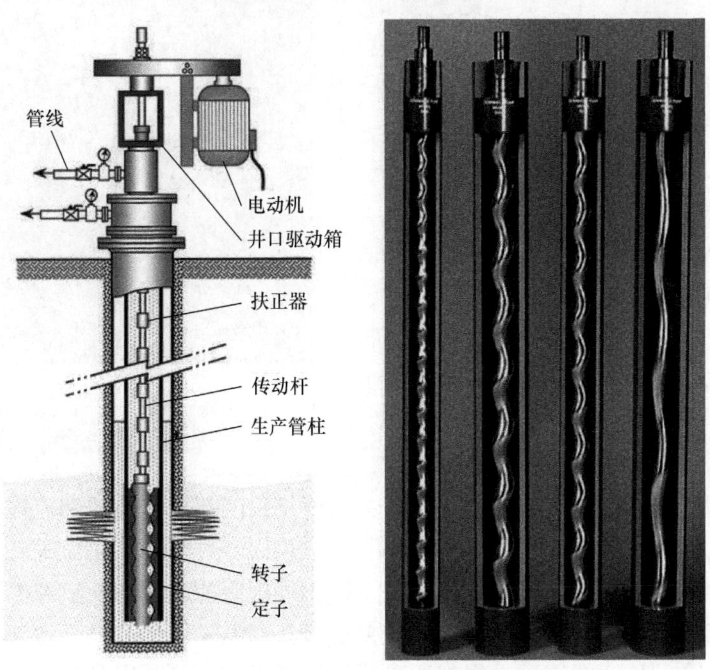

图1-4　用于石油举升的单螺杆泵

泵的一端与液源相连，另一端与输出管路相连。输出管路的压力高于液源，使得螺杆泵内的各个容腔间形成一定的压力梯度。转子旋转时，螺杆泵吸入端的腔室容积逐渐增大，压力降低，液体被吸入，并被螺杆逐渐推挤到排出端；排出端的腔室逐渐缩小，压力升高，液体克服出口负载向输出管路排出。在螺杆泵中，液体是靠封闭腔室容积的增大和缩小而克服压力梯度和出口负载向输出管路增压排出的，最高输出压力可以达到十几兆帕，在其工作过程中，重力的影响可以忽略不计。而阿基米德螺旋泵则是利用由螺旋杆和圆筒组成的多个分隔的水槽将水从低处转移到高处。在工作时，阿基米德螺旋泵必须放倒或者倾斜放置，否则各个水槽将连为一体，水也就无法“逆流而上”了。

现代单螺杆泵靠容积的增大和缩小实现吸入和排出而阿基米德螺旋泵则是靠运动的储水槽将液体由低处转移到高处，转移过程中无法升压，也不能克服管道压力排出。阿基米德螺旋泵实质上是一种运输水的“传动带”，它与汲水吊杆或水车等原始汲水器的工作机理更为相近，只不过是将间歇取水变为了连续取水。

泵最基本的功能是驱动液体定向运动。进入工业时代以来，泵的用途已不再局限于输水灌溉，其输送的流体种类被大大扩展了，包括泥浆、食品、燃料以及各种液态工业材料等。更重要的是，自阿基米德于公元前 250 年左右发现浮力定律开始，人们对流体的力学作用和原理产生了兴趣。在近两千年后，帕斯卡（Blaise Pascal，1623—1662，见图 1-5）在伽利略（Galileo Galilei，1564—1642）和托里拆利（Evangelista Torricelli，1608—1647）研究的基础上，针对静止流体的性质开展了大量实验研究，并在其著作《论液体的平衡和空气的重量》中阐述了静止液体压力传递的基本定律：在封闭容积中的静止流体，当其一点因受外力而压力增加后，此压力增值将瞬间等值地传递到流体各点及其壁面[4,5]。这一定律被称为“帕斯卡定律”。“帕斯卡定律”的提出奠定了流体静力学的基础，并进一步催生了液压传动技术的出现。**泵的功能也从单纯的输送流体物质拓展到借由流体物质的运动传递和转换能量。**

图 1-5　法国物理学家帕斯卡（1623—1662）

现代泵是一种换能装置，根据所采用的换能机理，泵可以分为容积式泵、速度式泵（叶轮式泵）、射流泵以及其他类型泵等。容积式泵通过改变封闭腔的容积将机械能转为流体的压力能并通过“挤压”驱动流体流动；速度式泵通过叶轮的高速旋转将机械能转换为液体的动能和压力能；射流泵利用高速射流的湍动扩散作用卷吸周围流体带动其流动[6]。其中，容积式泵能够产生的压力最高，通常能达到几兆帕或几十兆帕，有些情况下甚至可达上百兆帕。

在液压传动系统中，原动机驱动液压泵运转，将机械能转换为液体的压力能，液体压力作用于执行机构，驱动执行机构克服负载对外做功。在流量相同时，泵的输出压力越高，系统的换能功率就越高，其驱动负载的能力也就越强。现代液压传动系统的工作压力一般为几兆帕到几十兆帕，因此只能采用能够产生高压的容积式泵作为动力源——**液压泵都是容积式泵**。本书所讨论的径向柱塞液压泵就是一种以径向安装的柱塞与固定的柱塞腔构成密封容积，通过容积的扩张和收缩实现吸液和排液的容积式泵。

1.2 液压泵的工作原理和分类

根据容积式泵的工作机理，液压泵要正常工作需要满足以下三个条件：

1）泵内至少有一个密封的容腔，且其容积能够在原动机的驱动下周期性变化。

2）当密封容腔的容积增大时，其与低压供液口连通，从而吸入液体；当容腔缩小时，其与高压排液口连通，从而克服负载向外输出液流。

3）泵的低压供液口与高压排液口不能直接连通。

液压泵的基本图形符号和国家标准《流体传动系统及元件　图形符号和回路图》（GB/T 786.1—2021，等效 ISO 1219－1：2012）规定的多种液压泵的符号如图 1-6 所示。

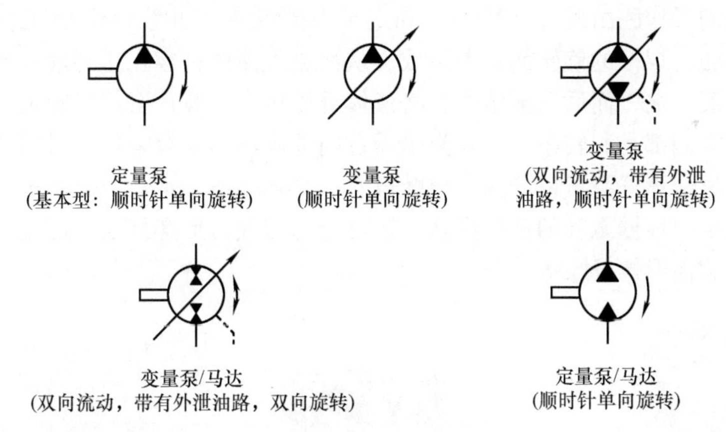

图 1-6　液压泵的符号

液压泵的核心结构要素是大小周期性变化的密封容腔，按照容腔构成方式的不同，现有液压泵可以分为四类：齿轮泵、螺杆泵、叶片泵和柱塞泵，如图 1-7 所示。

齿轮泵的工作容腔由壳体、相互啮合的齿轮及其两侧的盖板组成。当主动齿轮旋转时，工作腔的容积随主动齿轮与从动齿轮的啮合状态而变化，从而实现吸油和排油动作，如图 1-8a 所示。根据啮合齿轮的传动和位置关系可以分为外啮合齿轮

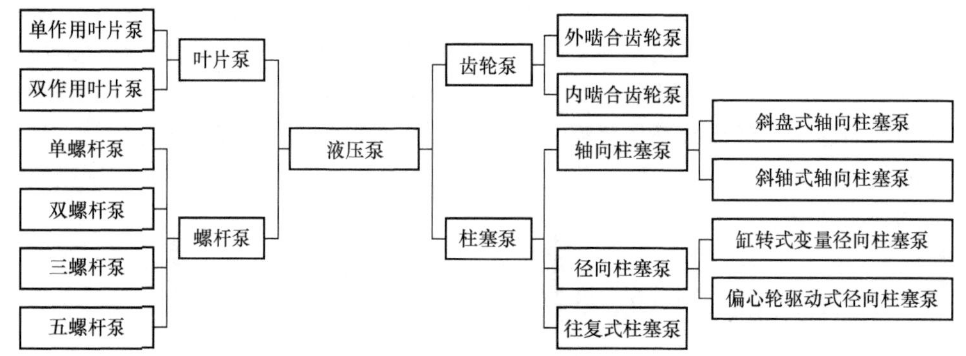

图 1-7　液压泵的分类

泵和内啮合齿轮泵。齿轮泵的结构简单，具有体积小、重量轻、加工工艺性好以及对恶劣工况适应性强等优点。齿轮泵的工作范围十分广泛，工作转速范围最高可以达到 6000r/min，最高压力也可达到 30MPa，能够满足一般的工程应用需求，是现代液压技术中使用量最大的泵类元件。齿轮泵的缺点也很突出，例如：排量不能调节，流量脉动大、噪声高以及容积效率低等，因此，齿轮泵常常被应用于工程机械、建筑机械以及农用机械等使用环境差、精度要求低的场合，低压齿轮泵还常常作为液压站的供油泵，防止自吸性能不好的液压泵吸空，造成发热和磨损。

螺杆泵的工作腔由螺杆（转子）和定子内壁组成，如图 1-8b 所示。封闭容积在进液一端随着螺杆的旋转而逐渐生成，从而吸入液体；容积达到最大后被螺杆推挤运移到出液一端，而后逐渐消失，将液体升压排出。螺杆泵与齿轮泵有很多相似之处，比如它们都是回转泵，而且都是通过内部零件的啮合来形成封闭容积的。根据螺杆的数量，螺杆泵可以分为：单螺杆泵，如图 1-8b 所示、双螺杆泵、三螺杆泵和五螺杆泵。根据螺杆的截面形状，还可分为摆线齿形螺杆泵、摆线－渐开线齿形螺杆泵和圆齿形螺杆泵等。

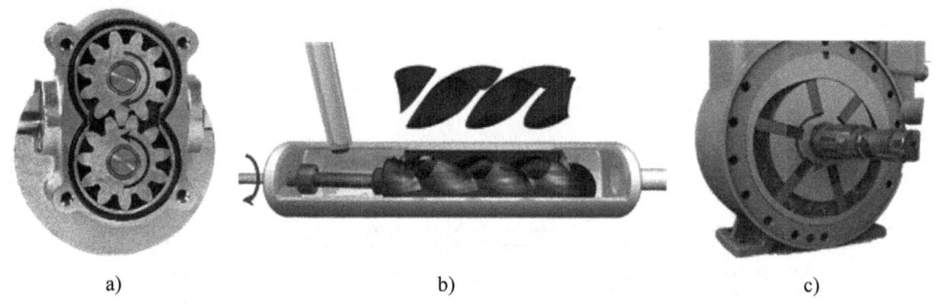

a)　　　b)　　　c)

图 1-8　齿轮泵、螺杆泵和叶片泵的结构示意图

a）外啮合齿轮泵　b）单螺杆泵　c）单作用叶片泵

叶片泵的每个工作腔是由定子、端盖、转子及安装在其上的一对相邻的叶片所

组成的，如图 1-8c 所示。转子旋转时，叶片所分隔出的独立容积的大小周期性变化，从而实现吸液和排液。泵内密封容积每完成一个周期的吸、排液动作，即发挥了一次“泵出作用”，根据主轴旋转一周，封闭容腔完成“泵出作用”的次数，可以将叶片泵分为单作用叶片泵（见图 1-8c）和双作用叶片泵。单作用叶片泵的定子内壁面和转子外壁面都为圆柱面，它们之间有一定的偏心距，从而使得处于不同转角的叶片在定子、转子间划分出大小不等的独立容腔；双作用叶片泵的转子和定子是同心安装的，转子外壁面为圆柱面，定子内壁面不是圆柱面，一般是由两个大圆弧柱面、两个小圆弧柱面以及四段过渡曲线柱面相间连接组成的[7]，转子旋转一周，每对叶片在定子与转子间划分出的独立容积的大小变化两个周期，从而能够实现两次吸、排液动作。

柱塞泵的工作腔是由柱塞和柱塞腔组成的，柱塞在传动轴的驱动下在柱塞腔内往复运动，即可使工作腔的容积周期性变化，如图 1-9 所示。由于柱塞腔的吸液和排液是顺次进行，多个柱塞腔输出流量叠加，向外输出连续的液流。为了降低输出流量的波动，一般柱塞泵的柱塞数不少于三个。按照柱塞在泵内的布置方式，柱塞泵可分为径向柱塞泵和轴向柱塞泵，前者的柱塞呈辐射状均布在泵内垂直于传动轴在径向平面内；后者的柱塞则平行于传动轴中心对称布置。此外，还有一类往复式柱塞泵，其柱塞平行卧式布置且与传动轴垂直。往复式柱塞泵的柱塞直径较大，行程较长，柱塞在曲轴的驱动下在缸体内往复运动，这类泵常被用在超高压或超大流量的液压系统或供液系统中。

a) b) c)

图 1-9　柱塞泵的结构示意图

a）径向柱塞泵　b）轴向柱塞泵　c）往复式柱塞泵

1.3　柱塞泵的产生和发展

1.3.1　原始的柱塞机构

人们在很早以前就开始利用活塞机构将机械能转化为流体的动能，最早的活塞式机构可以追溯到公元前两百多年由希腊发明家克特西比乌斯（Ctesibius，公元前285—公元前222）设计的杠杆式活塞泵（见图1-10），遗憾的是由于年代久远，克特西比乌斯手书的原始资料都已遗失，我们仅能从其后学者的引述中了解他的杰作[8]。

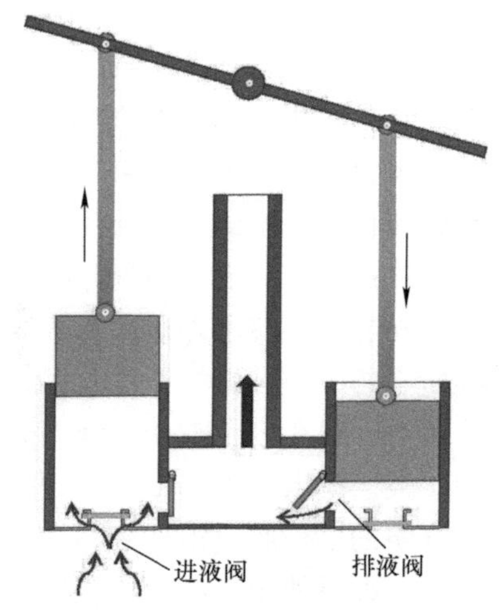

图1-10 克特西比乌斯发明的杠杆式活塞泵示意图

中国工匠发明了最早的双作用活塞机构——一种手动风箱[9,10]，如图1-11所示，风箱内设有一个活塞，将箱内空间分隔成两个独立的腔室，每个腔室都装有一进一出两个由挡板做成的活动风门，两个进气风门与外界空气相连，两个出气风门与总出风口相连。推、拉把手时，活塞被带动运动，两腔室的容积改变，容积缩小的腔室出风门打开，向风道排出空气；容积增大的腔室的进风门打开，外部空气经进气风门补充进入腔室。往复拉动把手，两个空气腔交替工作即可持续不断地通过总出风口向外吹出大量气流。

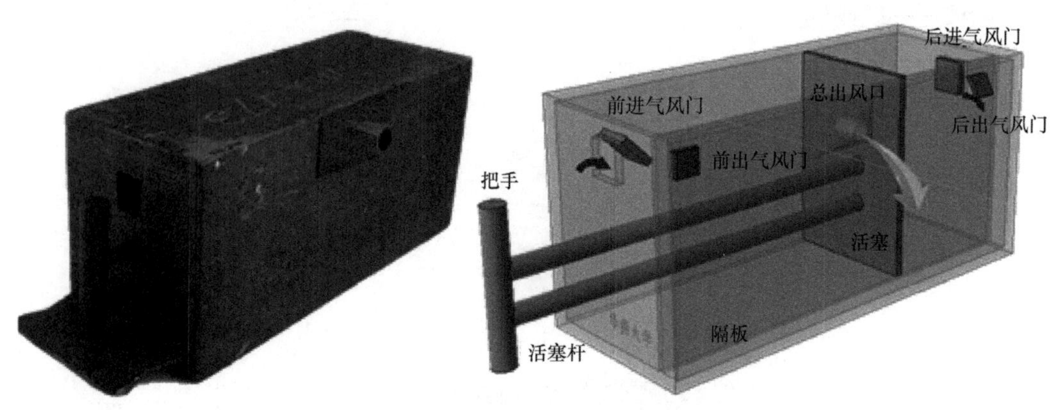

图1-11 双作用活塞式风箱外形图和工作原理示意图

双作用活塞式风箱能高效地将机械能转化为空气的动能，被铁匠用于增大加热炉的供气量以提升炉温，大大提升了金属冶炼、熔铸和锻造的技术水平和工作效率。明代画家仇英版清明上河图就描绘了这样的景象（见图1-12），说明在此之前双作用活塞式风箱在中国就已经被普遍使用了[11]。

德国物理学家奥托·冯·格里克（Otto von Guericke，1602—1686年）于1650年发明了活塞式真空泵，并利用它制造出的真空完成了著名的“马德堡半球实

图1-12　明代画家仇英版清明上河图（辽宁省博物馆藏）中描绘的活塞式风箱

验”，证明了大气压强的存在[2]，这是第一个能够制造出较高真空度的空气泵。英国数学家、发明家塞缪尔·莫兰德（Samuel Morland，1625—1695年）随后于1675年发明了带密封的柱塞式水泵[12, 13]，大大提高了水泵的容积效率，他建立的计算蒸汽体积的理论对蒸汽机的设计起到了重要的作用。1765年至1775年，詹姆斯·瓦特（James Watt，1736—1819年）改良了蒸汽机，使其效率大幅提升而具备了产业化价值由此开启了人类的工业时代，大大推动了人类历史进程向前发展。蒸汽机的核心部件之一是柱塞机构，其诞生过程与柱塞泵技术的发展是密不可分的。

1.3.2　轴向柱塞泵的演变

轴向柱塞泵是指柱塞沿轴向开行布置的一类柱塞式液压泵。轴向柱塞泵的出现时间早于径向柱塞泵。第一个现代轴向柱塞泵诞生于19世纪末，由美国工程师威廉·库柏（William Cooper）和乔治·汉普顿（George P. Hampton）发明并于1892年提出专利申请，次年获得专利授权[14]。如图1-13所示，该泵为斜盘式轴向柱塞泵，缸体与传动轴固定连接，柱塞安装在缸体内，露出端与斜盘滑动连接。缸体在传动轴的带动下旋转时，柱塞在斜盘的引导下在柱塞腔内往复运动。斜盘倾角可连续调节，从而使柱塞泵变量。

液压的英文“Hydraulic”原意是“水的”，这是因为最初的流体驱动、传动系统都以水为工作介质。水易于获取，且价格便宜，更重要的是在现代石油工业产生之前，水几乎是当时可用的唯一的液压液[15]。然而，水并不是一种理想的液压工作介质，由于水的黏度较低，因此易通过缝隙泄漏，使得水液压系统的容积效率较低，且难以产生高压；此外，过低的黏度也不利于液压系统中滑动接触面间的润滑，这将导致严重的摩擦和磨损。更为致命的是，水的凝固点仅为零摄氏度，这就

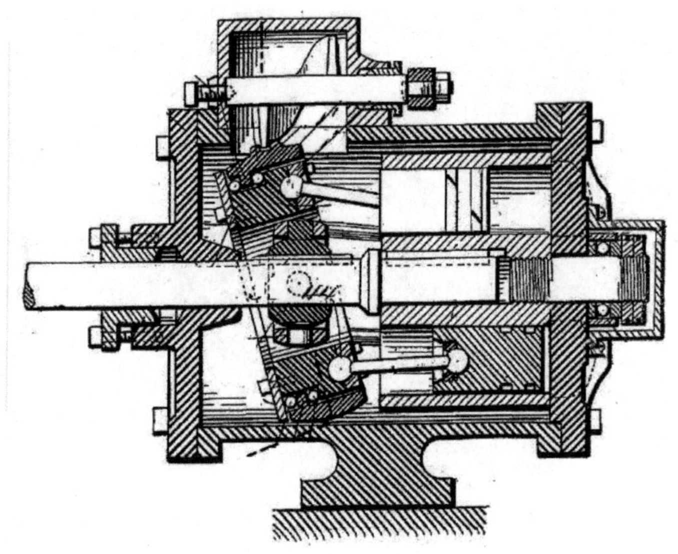

图 1-13　美国工程师威廉·库柏和乔治·汉普顿发明的斜盘式轴向柱塞泵[14]

导致以水为工作介质的液压系统在寒冷环境中难以使用。水压系统的这些缺陷从根本上限制了液压传动技术的应用。在电力技术飞速发展的背景下，液压技术在相当长的时间段内被认为没有前景。1859 年，第一口现代石油井在美国宾夕法尼亚州产出原油，从此开启了石油工业时代[16]。随着矿物油炼化技术的发展，人们逐渐开始尝试将其用于液压系统中以提高系统压力和改善润滑性能。

美国康奈尔大学教师哈维·威廉姆斯（Harvey D. Williams）于 1903 年设计了第一个以油为工作介质的轴向柱塞泵，但由于其结构存在问题，因此在商业上没有取得成功，随后即被搁置了一段时间。沃特伯里公司（Waterbury Tool Company）的工程师雷诺·詹宁（Reynolds Janney）继续了威廉姆斯的工作，他与威廉姆斯于 1905 年合作研制出了第一台具备实用性的轴向柱塞液压传动装置（见图 1-14）[15,17]。由于石油基介质具有更高的黏度、更好的润滑性，减少了泵的泄漏，改善了泵内部件的摩擦状态，为提高系统工作压力创造了重要条件，使液压传动技术高功率密度的优势真正显现出来，大大拓展了液压系统的应用范围，促进了液压技术迅速走向成熟。1919 年，美国富兰克林学会向威廉姆斯和詹宁同时授予了霍华德·波茨奖章（Howard N. Potts Medal），以表彰他们在推动液压泵技术发展中做出的开拓性工作[18]。

20 世纪以后，轴向柱塞泵技术经历了快速的发展，各类液压泵产品层出不穷，形成了丰富的产品线，推动了液压传动产业的崛起。现有的商用轴向柱塞泵主要分为斜盘式和斜轴式两类，均可设计成定量泵或变量泵。轴向柱塞泵性能稳定、工作可靠、驱动能力强，其排量可达 1000mL/min，工作压力可达 32MPa 以上，容积效

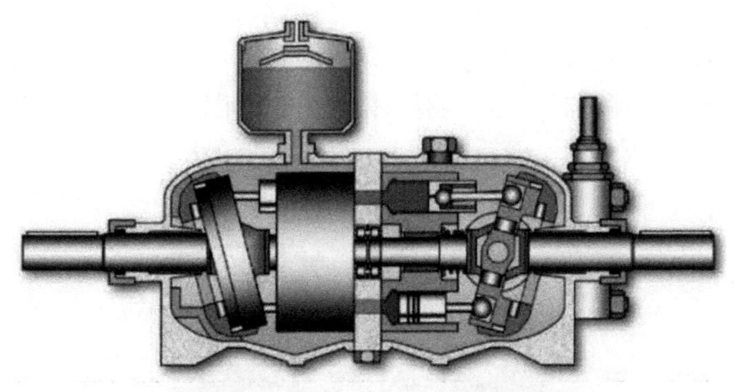

图1-14　威廉姆斯-詹宁发明的轴向柱塞液压传动装置

率可达95%以上，是现代液压系统中应用最广泛的高压液压泵。

1.3.3　径向柱塞泵的产生

径向柱塞泵是指柱塞沿径向均匀布置于泵体内，并沿径向做往复运动的容积式液压泵。径向活塞机构最早被用于蒸汽引擎的结构中。1872年，英国工程师皮特（Peter Brotherhood，1838—1902年）发明了第一个三缸径向活塞蒸汽引擎[19]，如图1-15所示，引擎内安装有3个单作用径向活塞，活塞通过连杆与曲轴连接，蒸汽推动活塞运动时即可由传动轴向外输出转矩，该引擎可看作是其后出现的“Staffa液压马达”的原型。

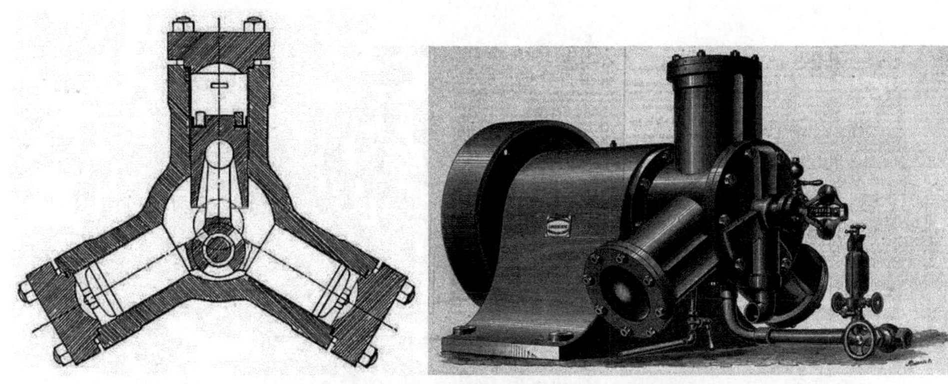

图1-15　皮特发明的三缸蒸汽引擎结构及其在维也纳世界博览会展示的三缸径向活塞蒸汽引擎样机

第一个径向柱塞液压泵由英国工程师、流体力学家、前皇家机械工程师学会主席海勒·肖（Hele-Shaw，1854—1941年，见图1-16）于1908年发明（1908年提出专利申请，1909年获专利授权）[20-23]。如图1-17所示，该泵在垂直于传动轴的径向平面内安装有六个柱塞，柱塞随缸体旋转时，其外端始终与定子内壁保持接触。定子与转子之间具有一定的偏心距，使得在不同转角处，柱塞插入柱塞腔的长度不同，缸体旋转时，柱塞即可在定子内壁的引导下往复运动，从而改变柱塞腔的容积。该泵的排量可调且采用不随缸体旋转的固定轴阀（Stationary valve）实现配流（轴配流）。

图 1-16 英国工程师海勒·肖

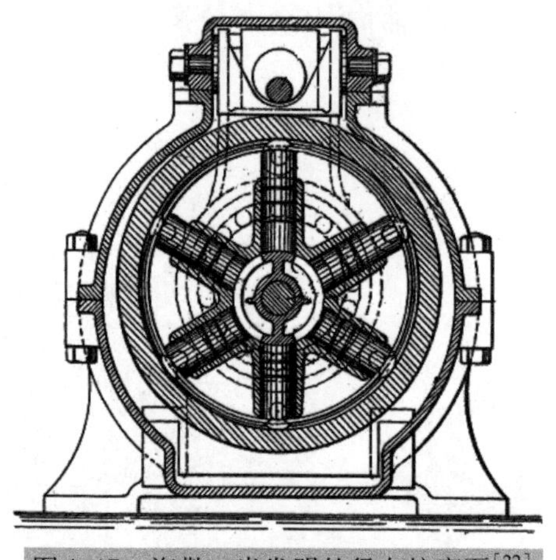

图 1-17 海勒·肖发明的径向柱塞泵[22]

最初的海勒·肖径向柱塞泵采用六个柱塞的设计，这种结构的缸体对称性好，但其输出流量脉动较大，研究者很快意识到采用奇数柱塞能够显著降低流量波动[21, 24]，此外，在传动、变量和配流等方面也做出了多项改进。海勒·肖式径向柱塞泵结构紧凑、传动简单、变量方便，被广泛应用于冶金、船舶、制造等工业领域，经历了过快速的发展，形成了丰富产品线，直至今天，仍然是可变量径向柱塞泵所采用的主流结构。现有的海勒·肖式径向柱塞泵商用产品的排量可达

1000mL/r，最高工作压力可达100MPa[25]。

1.3.4 往复式柱塞泵及其特点

往复式柱塞泵是最简单的柱塞泵，如1.3.1节所述，往复泵的雏形可追溯到公元前两世纪克特西比乌斯设计的杠杆式活塞泵（见图1-10），其后往复式柱塞泵以各种形态出现在世界各地，但是囿于农耕文明时期人们的技术水平和制造能力，原始往复泵的柱塞副密封性很差，因此，只能制造出很小的压差，仅可满足汲水灌溉等简单应用需求。1675年，塞缪尔·莫兰德发明了填料密封盒（Stuffing - box），使柱塞副的密封性能大大提高，因此，他制造出了第一台能够产生高压的水泵，其工作效率远远高于当时其他种类的水泵，能够“利用很少的能量举升大量的水”[26]。现代往复式柱塞泵能够产生高达100MPa的超高压，其依靠的也是填料密封技术。另一方面，如果没有填料密封技术，蒸汽机的容积效率也将大大降低，导致难以产生可用的驱动力[27]，工业革命有可能会因此被大大推迟。可见在人类文明进步的历程中，一个看似十分简单的发明往往也能起到意想不到的巨大作用。

现在往复式柱塞泵通常是指利用曲轴连杆机构驱动柱塞往复运动的高压柱塞泵。这种泵仍采用填料密封（盘根密封，见图1-18），且填料盒的预紧力很高，从而保证良好的高压密封效果，可在40MPa的工作压力下，能使容积效率保持在90%以上。如图1-19所示，往复式柱塞泵的柱塞平行于地面卧式安装，因此常常又称为“卧式泵”，柱塞在曲轴的带动下沿柱塞腔往复运动，每个柱塞都配有一进一出两个单向阀，组成一个工作单元。由于每个柱塞工作单元都是间歇向外排液的，因此，往复式柱塞泵通常由3个以上的工作单元组成，以降低其输出流量的波动率。往复式柱塞泵具有压力高、排量大、密封性好的优点，但由于其填料密封盒的预紧力较大，摩擦阻力导致的机械效率下降显著，因此在一般的液压系统中应用较少，通常用于煤炭采掘、石油注水开发、路面清扫以及水射流设备等水介质液压系统中。

图1-18 盘根及其安装状态示意图

图 1-19　往复式柱塞泵结构示意图

1.4　径向柱塞泵与其他柱塞式液压装置的区别和联系

现代液压系统所采用的柱塞式液压装置（除液压缸外）主要可分为五类：径向柱塞泵、轴向柱塞泵、往复式柱塞泵、径向柱塞马达和轴向柱塞马达。其中径向柱塞泵与径向柱塞马达可统称为径向柱塞机（Radial piston machine）；轴向柱塞泵和轴向柱塞马达可统称为轴向柱塞机（Axial piston machine）。往复式柱塞结构目前仅用于高压泵中，没有对应的液压马达。同类结构的液压泵和液压马达的关系可概括为：在结构上相似、在工作原理上互逆和在功用上相反，详列于表 1-1。下面分别针对径向柱塞机与轴向柱塞机的区别和联系、径向柱塞泵与径向柱塞马达的区别和联系做一讨论。

表 1-1　同类结构的液压泵和液压马达的关系

项目	径向柱塞泵	径向柱塞马达	轴向柱塞泵	轴向柱塞马达	关系
结构	柱塞径向分布		柱塞轴向分布		相似
工作原理	利用定子或转子的偏心驱动柱塞沿缸体径向运动，从而改变柱塞腔容积	利用液压力推动柱塞，通过偏心轮或曲线凸轮将直线运动转为转动，从而向外输出转矩	利用斜盘或斜轴驱动柱塞沿缸体轴向运动，从而改变柱塞腔容积	利用液压力推动柱塞，通过斜盘或斜轴将直线运动转为转动，从而向外输出转矩	互逆
功能	液压系统的动力装置：将机械能转为液压能	液压系统的执行装置：将液压能转化为机械能	液压系统的动力装置：将机械能转为液压能	液压系统的执行装置：将液压能转化为机械能	相反

1.4.1 径向柱塞机与轴向柱塞机

1. 机械结构

径向柱塞机与轴向柱塞机最显著的区别在于其柱塞的布置方式：一个垂直于传动轴，另一个则平行于传动轴。因柱塞布置形式的区别，它们在空间尺寸、传动特性和适应的配流方式上也就存在差别，从而使得它们具有不同的工作特性而适用于不同工况。

径向柱塞泵的柱塞呈放射状分布于垂直于传动轴的径向平面内，柱塞间距较大，因此相较于轴向柱塞泵，更适于采用大直径的柱塞，从而获得更高的排量。此外，还可通过增加径向柱塞泵的排数进一步使其排量成倍增加。现有商用径向柱塞泵单排径向柱塞泵排量可达1000mL/r[25]，双排泵可配置14个柱塞单元[28]。

2. 压力角

径向柱塞泵柱塞受力的压力角小于轴向柱塞泵，因此易于在高负载下表现出更好的传动性能。如图1-20所示，径向柱塞泵柱塞的往复运动由泵内的偏心机构驱动实现，偏心量越大，柱塞的行程越长，排量越大；轴向柱塞泵的往复运动则由斜盘或斜轴引导，倾角越大则柱塞行程越长，排量越大。轴向柱塞泵的往复运动由倾角驱动，滑靴所受压力角 α 恒等于斜盘倾角 θ；而在径向柱塞泵中，滑靴所受压力角随缸体转角的变化而变化。在图1-20b所示径向柱塞泵中的三角形 $OO'A$ 中，压力角 α 可通过两次余弦公式计算得出。首先利用式（1-1）计算得到滑靴与缸体形心的距离 l，再利用 l 的计算结果与式（1-2）求出压力角 α。

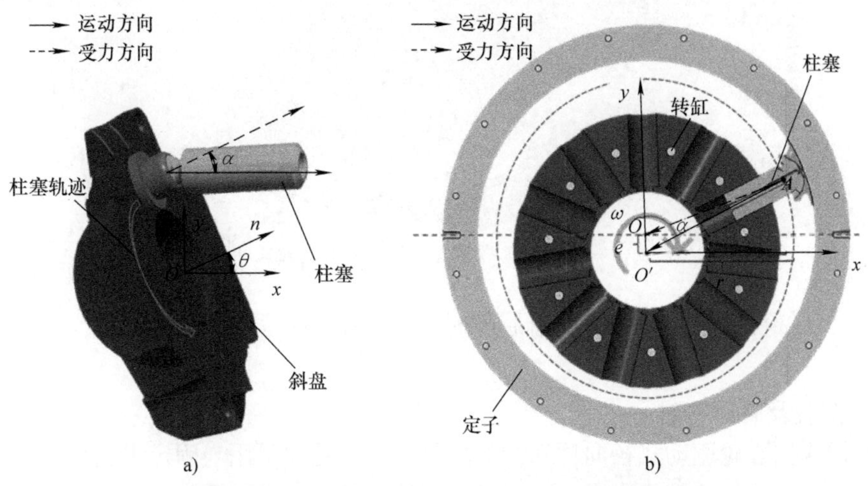

图1-20 径向柱塞泵与轴向柱塞泵的柱塞受力示意图

$$l^2 = r^2 + e^2 - 2er\cos\omega t \tag{1-1}$$

$$\alpha = \arccos \frac{r^2 + l^2 - e^2}{2lr} \quad (1\text{-}2)$$

式中 r——滑靴运动半径（mm）；

e——偏心距（mm）；

ω——柱塞泵角速度（°/s）。

以典型的 RX500 型径向柱塞泵和 A4V 轴向柱塞泵为例，根据上述分析可算出它们在不同排量下不同转角位置处的压力角，如图 1-21 所示。可见，在不同工况下，径向柱塞泵的压力角均小于同等排量下轴向柱塞泵的压力角，因此能够获得更好的传动性能。

需要补充说明的是：无论是径向柱塞泵还是轴向柱塞泵，柱塞所受的正压力都由多个因素影响。在相同排量下，大直径或多个数的柱塞所需要的斜盘倾角或定转子偏心距都小于小直径或少个数的柱塞。但是，在选择柱塞数量及柱塞直径时还应考虑尽量降低整机转动惯量、减少泄漏等多方面因素。因此，对于轴向柱塞泵和径向柱塞泵，某些在理论上可获得小压力角的参数组合，在其他性能方面可能无法达到最优。成熟商用产品的结构是综合考虑各因素的结果，图 1-21 为径向柱塞泵与轴向柱塞泵压力角随转角、排量变化的曲线，是从压力角的角度对这些典型结构的传动特性所开展的对比分析。

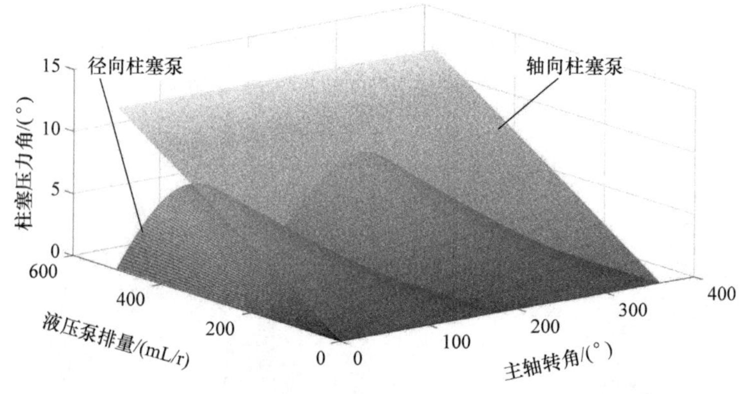

图 1-21 径向柱塞泵与轴向柱塞泵压力角随转角、排量变化的曲线

3. 配流及高压密封

曲轴或偏心轮驱动式径向柱塞泵的缸体固定，能够采用与固定进出口流道相连通的单向阀配流，在配流流道中无运动副间隙，密封性好，因此易于实现高压，且可采用润滑性较差的高水基液压介质。现有采用偏心轮驱动的单向阀配流径向柱塞泵的工作压力可达 100MPa[28]。

1.4.2 径向柱塞泵与径向柱塞马达

如前所述，径向柱塞泵用于将原动机输入的机械能转为工作液的压力能，而液压马达则利用工作液的压力驱动柱塞运动，最终由传动轴或壳体向外输出转矩。根据柱塞的传动方式和工作液的配流方式，径向柱塞机的结构可分为六类，将这六类结构按罗马数字顺序编号（见表1-2）。其中Ⅰ型结构即为前文所述 Hele－Shaw 型结构，其转动惯量较大，目前未应用于液压马达，仅用于径向柱塞泵，且现有商用径向柱塞变量泵均采用Ⅰ型结构。Ⅱ型结构定子内壁面轮廓线为具有多个波峰和波谷的曲线，转子旋转一周，柱塞在内曲线的导引下完成多次往复运动，从而成倍增大排量，同时降低转速，达到低速大转矩的动力组合，这种结构在液压马达中的应用较成熟，也有学者开展其在径向柱塞泵中应用的研究。现有Ⅱ型结构商用马达产品排量可达 3.8×10^5mL/r（见图1-22）[29]，输出转矩可达 1.9×MN·m，功率可达3000kW。

表1-2 径向柱塞泵、马达结构类型表

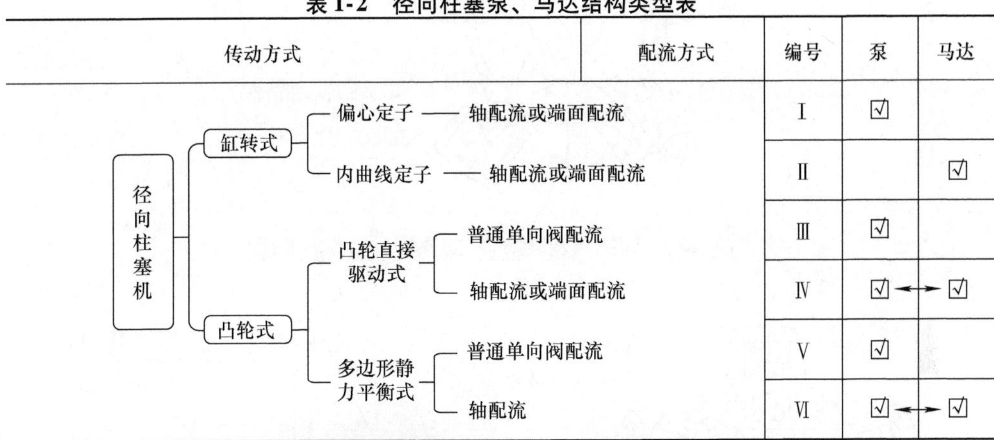

传动方式			配流方式	编号	泵	马达
径向柱塞机	缸转式	偏心定子	轴配流或端面配流	Ⅰ	☑	
		内曲线定子	轴配流或端面配流	Ⅱ		☑
	凸轮式	凸轮直接驱动式	普通单向阀配流	Ⅲ	☑	
			轴配流或端面配流	Ⅳ	☑ ←→	☑
		多边形静力平衡式	普通单向阀配流	Ⅴ	☑	
			轴配流	Ⅵ	☑ ←→	☑

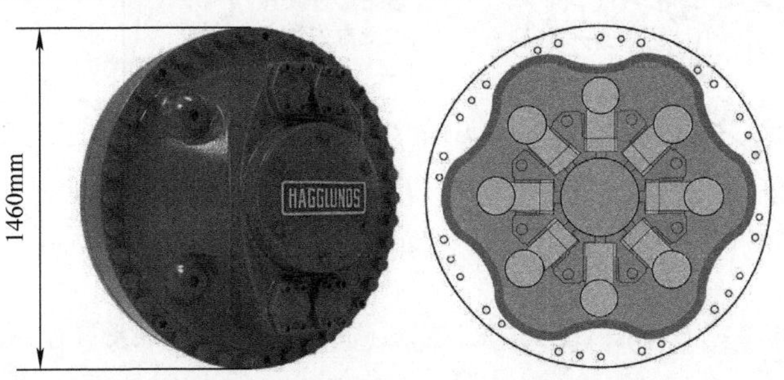

CBm 6000 S内曲线马达，排量：380178mL/r

图1-22 超大排量内曲线液压马达外形及其内部结构示意图

Ⅲ、Ⅳ、Ⅴ和Ⅵ型结构均为凸轮直接驱动式结构，按照凸轮与柱塞间的传动关系又可分为直接驱动式（Ⅲ、Ⅳ型）和正多边形过渡套驱动式（Ⅴ、Ⅵ型），分别如图 1-23 和图 1-24 所示。凸轮直接驱动式结构传动简单，但其柱塞运动规律为复合三角函数，且传动轴所受径向力不平衡；正多边形过渡套驱动结构通过采用正多边形过渡套实现传动轴的转动与柱塞直线运动之间的转化，正多边形过渡套将柱塞力矢量汇与其形心，如图 1-24 中的力矢分析所示，当各力大小相等时，合力为零，因此在液压马达中能够实现静力平衡。此外，由于柱塞的运动位移为关于传动轴转角的正弦函数，因此传动平稳、无机械冲击。但是，正多边形过渡套与柱塞间为平面滑动副，且它们在工作中均受到侧向力的作用，因此在该运动副处存在较复杂的摩擦和泄漏问题。

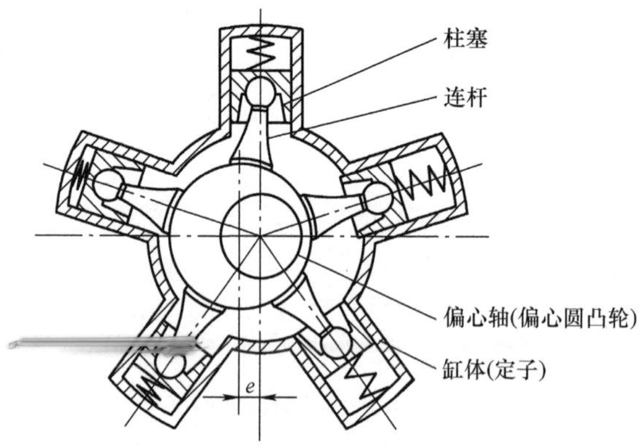

图 1-23　凸轮直接驱动式径向柱塞机结构示意图

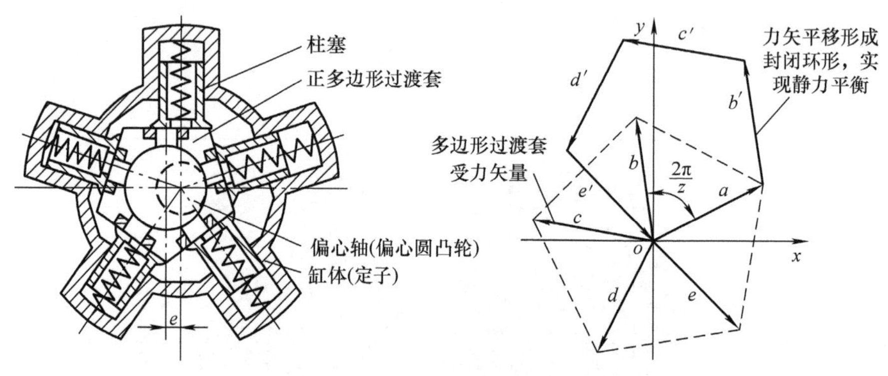

图 1-24　正多边形过渡套驱动式径向柱塞机结构示意及其力矢分析

凸轮式结构用于液压泵时可采用单向阀配流，由于单向阀具有良好的密封性，因此能够实现高压，现有超高压柱塞泵均采用单向阀配流的方式。但是普通单向阀不能用于液压马达的配流，其原因是在液压马达中，流体进口为高压口，出口为低压口，且在工作过程中保持不变，若单向阀的安装方向与泵内流体在压力作用下的流动方向相反，则单向阀始终保持关闭，液体无法流动；若单向阀的安装方向与流体在压力作用下的流动方向相同，则单向阀始终导通，导致高、低压口始终保持连通，无法形成密闭容积，也就无法驱动柱塞运动而向外输出转矩。因此，Ⅲ型和Ⅴ型结构只能用于液压泵不能用于液压马达。

在径向柱塞泵中还需要设置一定柱塞回程机构，而在马达中则无此必要。这是因为：在径向柱塞泵中，柱塞的一个往复运动周期包括柱塞压入柱塞腔（排油）和抽出柱塞腔（吸油）两个阶段。在柱塞腔的排油阶段，凸轮机构通过一定的方式推动柱塞运动，柱塞腔内的油液被压缩，产生一定的负载压力，在负载压力的作用下，柱塞底面与凸轮机构能够始终保持紧贴状态。但是在吸油阶段，柱塞需要由柱塞腔抽出，即柱塞回程，此时，由于凸轮向背离柱塞的方向运动，柱塞腔内的负载压力消失，液压力无法使柱塞紧随凸轮运动。为了防止柱塞与凸轮脱离，就需采取一定的措施辅助实现柱塞的回程运动。常用的柱塞回程装置包括将柱塞滑靴箍在偏心轮上的回程环和安装在柱塞腔内的回程弹簧，如图1-25所示。此外，还可将排油流道中的高压油液引入柱塞顶部的独立容腔实现液压回程[30]。在液压马达中，由于柱塞抽出时，柱塞腔与高压油连通，液压力作用于柱塞顶部，能够使其始终紧随凸轮运动，因此，不需要回程装置。但为了提高传动的可靠性，一般仍在曲轴连杆式径向柱塞液压马达中配备回程环。

图1-25　带回程弹簧的高压径向柱塞泵工作单元

1.4.3　径向柱塞泵与往复式柱塞泵

径向柱塞泵和轴向柱塞泵内部封闭容积的变化均通过柱塞在柱塞腔内的往复运动实现，因此，从液压泵工作原理的角度划分，它们与“往复式柱塞泵”一样，也属于广义上的往复式泵（Reciprocation pump）。与往复式泵对应的是回转泵（Rotary pump），其工作容积的改变是由于转子的旋转造成的，主要包括齿轮泵、螺杆泵和叶片泵（回转泵还包括离心泵、轴流泵等，但由于它们不属于液压泵，因此本书不予深入讨论）。此外，也有人按照泵内工作部件的运动方式将径向柱塞泵和轴向柱塞泵划归为回转泵，以强调它们的运转是连续不断的而非间歇的。

关于径向柱塞泵和轴向柱塞泵的类属，目前尚无权威的论断，上述两种说法从各自的角度均可自圆其说，并都被学者们所采用以强调不同方面的特征。有趣的是，轴向柱塞泵的发明者——威廉·库柏和乔治·汉普顿在命名他们的发明时所采用的也是模糊的叫法，称为“回转往复泵（Rotary reciprocating pump）”。可见，轴向柱塞泵抑或是径向柱塞泵本身就是复杂而多面的，至于它们到底是属于往复泵还是回转泵，归类上的这一点模糊对液压泵技术的发展和创新似乎并无甚危害，因此也就没有非要做出决然论断的必要了。

往复式柱塞泵（见图 1-9c 和图 1-19）符合径向柱塞泵的基本结构特征，即柱塞垂直于传动轴布置，并在传动轴的驱动下沿其径向做往复运动。但是由于往复式柱塞泵在外形、安装方式、工作特性及适用场合等方面具有鲜明的特点，因此将其单独归为一类。现代往复式柱塞泵特指柱塞卧式安装，曲轴驱动，通常由三个以上柱塞平行布置组成的高压、大排量单向阀配流液压泵，且其工作液通常为高水基液压介质。

1.4.4 径向柱塞泵的英文名称

关于柱塞泵的英文名称，我国现行国家标准《流体传动系统及元件　词汇》（GB/T 17446—2012）[31]已采用国际标准化组织标准《Fluid power systems and components - Vocabulary》（ISO 5598：2008）[32]的规范，在专业领域范围内将柱塞泵的英文名称统一为“Piston pump”，即径向柱塞泵译为“Radial piston pump”；轴向柱塞泵译为“Axial piston pump”。但是，由于按照柱塞泵的实际结构形式，其英文名称本应为“Plunger pump”，因此，在实际中也常常出现混用“Piston pump”或“Plunger pump”来指称柱塞泵的情况。至于往复式柱塞泵，由于其通常并不被用于以液压油为介质的普通液压系统，上述标准文件中并未述及，在习惯上通常称其为“Plunger pump”。

1.5 径向柱塞泵国内产业现状

高压大排量径向柱塞泵是在冶金、锻压、船舶等重工业领域中被广泛应用的重要液压元件。研制和生产出高性能的径向柱塞泵是实现国家“工业强基工程”的重要内容，也是体现国家装备制造实力的标志之一。中国国家自然科学基金委员会主编的《机械工程学科发展战略报告（2011—2020）》指出：极高性能大型材料构件的一体化制造、超大型复杂零件的高精度数字化制造等核心装备制造技术对现代国防、空天运载以及国家核心竞争力发展有着重要的支撑作用[33]。其中大型金属构件的流变成形制造需要以大型锻压设备为基础。

美、苏、法等国在二战后大力发展了本国的大型锻造装备技术，美国迅速建造了三台4.5万t水压机，苏联建造了两台7.5万t液压机，法国制造了一台6.5万t水压机。从而使得三国的大型装备制造技术迅速发展，空中作战能力和航空航天运载能力得到了大幅提升。我国工业起步较晚、基础薄弱，在极大尺度装备制造技术发展方面与发达国家相比较为滞后，尤其是其中的高端液压元件依赖进口。国产20t以上规格的挖掘机所采用的液压元件基本都是进口产品；被誉为“国之重器”的德阳二重800MN大型模锻压机的研制成功，打破了大型金属构件生产制造“受制于人”的局面，使大飞机的自主制造成为可能，然而其液压系统却需要从美国进口。据统计，除上述800MN大型模锻机外，我国现有4500t、1600t和1000t快锻机的液压系统所采用的主泵也均为美国、德国的进口产品。每年我国特钢企业仅在采购进口柱塞泵产品一项，就需要耗费数以亿计的大量资金。以快锻机为例，北方重工集团的360MN油压机、江苏昆山的400MN油压机所使用的主泵均为径向柱塞泵，每台压机的液压系统的柱塞泵数量均在100台以上。进口径向柱塞泵产品的价格十分昂贵，其中，较小规格的排量为160mL/r的径向柱塞泵，其进口价为人民币28.5万元，而排量为1000mL/r的最大规格泵的进口价为人民币130万元。图1-26所示为2005～2018年我国液压产品进出口总额走势，可见随着国内液压相关产业的发展，我国出口液压产品总额呈稳步上升趋势，但贸易逆差规模仍然较大(2011年：34.34亿美元；2018年：26.61亿美元)[34]。此外，高端液压装备依赖进口产品还存在供货周期长、售后服务保障差的问题，制约着我国大型制造装备技术的长远发展。

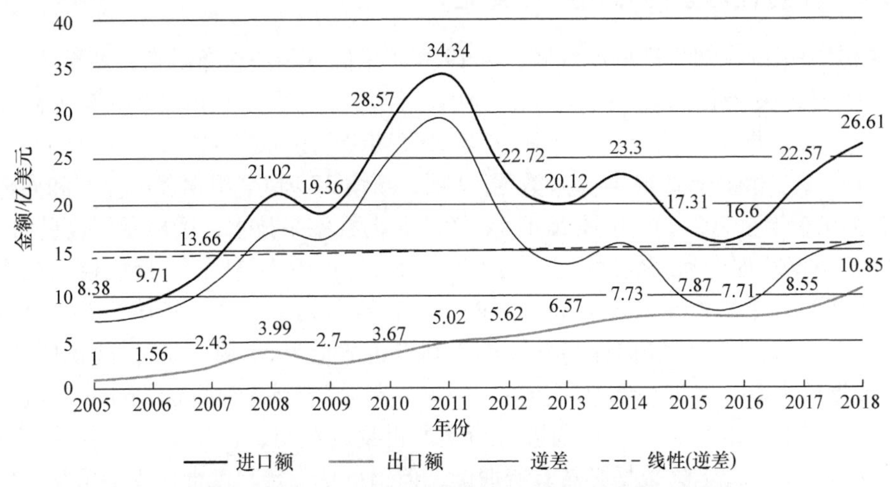

图1-26　2005～2018年我国液压产品进出口总额走势

为了提升我国工业技术的核心实力，国家科技部筛选出了包括数控机床、大型飞机、大型核电站等16个对国家的科技发展具有重要战略意义的项目作为优先发展、重点投入的重大专项。其中，高档数控机床与基础制造装备专项旨在攻克包括高压轴向柱塞泵、径向柱塞泵、大流量阀等在内的核心装备用技术，引领行业发展，提升我国高档机床及基础制造装备的制造水平，提高国产制造装备的市场占有率，满足航天、船舶、汽车、发电设备制造领域的需求，同时在相关领域培养和储备大量科技人才。

综上所述，径向柱塞泵是冶金、成型等重工业装备中的关键液压元件之一，在国家工业产能水平、国防建设等方面发挥着重要作用。我国径向柱塞泵及相关领域产业目前仍然大而不强，高端产品依赖进口，在供货、售后服务等方面受到制约。另一方面，改革开放以来，我国工业技术蓬勃发展，人才培养机制逐渐完善，积累了大量的技术储备和专业人才储备，径向柱塞泵产业巨大的市场空间为相关技术的发展提供了肥沃的土壤，径向柱塞泵拥有光明而广阔的发展前景。

1.6 径向柱塞泵的发展方向

径向柱塞泵出现的时间较于轴向柱塞泵稍晚，且一般只应用于高压或大功率场合。径向柱塞变量泵一般为海勒·肖型泵（见本章 1.3.3 节），结构较为复杂，配流副为圆柱面间隙配合，由于加工精度或运行磨损所造成的配合偏差难以自动补偿，导致径向柱塞泵的设计制造具有较高的门槛，与轴向柱塞泵相比，研究受到一定的局限。

1.6.1 径向柱塞泵的知识产权概况

根据中国国家知识产权局数据，自 1985 年中国专利法颁布以来，截至 2021 年 10 月 15 日，关于径向柱塞泵技术，国内已经公开发明专利申请 86 项（相较于 2014 年 4 月数据 45 项，新增 41 项）；累计发明专利授权共 49 项；实用新型专利申请 106 项（相较于 2014 年 4 月数据 69 项，新增 37 项）。根据美国专利和商标局数据（1976 年至 2021 年 10 月 26 日），关于径向柱塞泵技术，授权专利数量为 120 项[35]。根据欧洲专利局数据，自 1979 年至 2021 年 10 月 31 日，授权径向柱塞泵技术专利 108 件[36]。根据日本特许厅网上专利检索数据，日本公开关于“ラジアルピストンポンプ”（径向柱塞泵）的专利申请数量为 51 项[37]。需要说明的是：上述数据仅为以“径向柱塞泵”“radial piston pump”“radial plunger pump”或“ラジアルピストンポンプ”为标题进行检索所得到的结果，由于专利命名并无特别严格的规范，因此上述数据必然有所遗漏，但仍可从一定程度上体现各国家、区域在径向柱塞泵技术创新中所处的状态。相较之下，轴向柱塞泵的研究热度和技术创新数量要多得多，以我国为例，同一时段内国内公开的轴向柱塞泵发明专利数量为 292 件，其中已获授权的发明专利总数为 125 件；实用新型专利为 327 件。

1.6.2 径向柱塞泵的科研投入概况

目前针对径向柱塞泵的研究，相较于轴向柱塞泵也存在较大的差距。截至2021年10月，分别以关键词“axial piston pump”和“radial piston pump”在Web of Knowledge核心合集数据库（包括SCI、SCIE）中检索，分别可检索到学术论文576篇和114篇；以同样关键词在Engineering Village数据库（EI）中检索，分别可检索到学术论文1185篇和207篇。在学术研究上，SCI、SCIE以及EI等数据库所检索的论文代表该领域研究的前沿。论文数量上的差异，也就反映了在科研投入上的差距。总体而言，径向柱塞泵的相关技术仍然有很多内容需要深入研究，从而挖掘其特有的性能上的潜力，这需要相关领域技术人员给予更多重视。

针对目前科研人员在径向柱塞泵技术上开展的研究工作，本书从工程应用性能提高和液压元件设计优化两个角度来分别进行归纳：

1. 工程应用角度

径向柱塞泵作为机械系统的一部分，在应用中，要求其工作稳定可靠、效率高，同时具有尽量长的寿命。从这一角度出发，就需要研究者对其关键摩擦副的润滑性能、泄漏、强度以及泵的机械效率等方面进行研究。

1）柱塞副是径向柱塞泵和轴向柱塞泵共同具有的关键摩擦副，目前针对柱塞副的研究很多是以轴向柱塞泵为背景开展的，这些研究的结论对径向柱塞泵也具有重要的参考价值。近年来的研究包括，Wieslaw Grabon研究了通过在柱塞表面制造纹理来减少磨损的方法，并通过实验进行了验证[38]；Matteo Pelosi研究了柱塞与缸体间油膜的弹性变形行为及其热传导过程，为研究柱塞副的摩擦和泄漏提供了分析依据；Qian Dexing对燃油用高压径向柱塞泵进行了仿真研究，他利用非等温流体本构方程建立了柱塞副的泄漏模型，对柱塞副的压力分布和泄漏量进行了预测[39]等。

2）缸转式径向柱塞泵中的滑靴与定子摩擦副、曲轴连杆式径向柱塞泵中的柱塞连杆与偏心轮摩擦副以及正多边形过渡套驱动式径向柱塞泵中的柱塞与正多边形过渡套摩擦副也是相应类型的径向柱塞泵中的重要摩擦副。太原科技大学的贾跃虎教授及其团队研制出了JBP型径向柱塞泵，其结构类型为缸转式轴配流径向柱塞泵[40]。关于径向柱塞泵的滑靴摩擦副以及配流摩擦副，贾跃虎教授的团队开展了多项研究[41, 42]，其后，韩雪梅又对径向柱塞泵摩擦副造成的泄漏进行了分析与改进[43]。另外，国内外关于轴向柱塞泵的滑靴与斜盘摩擦副、缸体与配流盘摩擦副还有众多的研究成果[44-57]。在不论具体结构的情况下，轴向柱塞泵的摩擦副在材料、工作状态和工作环境等方面与上述径向柱塞泵中的摩擦副具有很大的相似性，因而研究轴向柱塞泵的方法以及所获得的结论对径向柱塞泵的研究具有参考价值和借鉴意义。

3）为了提高径向柱塞泵的机械效率，研究者开展了多项工作。Monika Ivantysynova 教授及其团队研究了柱塞泵内配合间隙与能量损失的关系，并提出了减小能量损失的方法[49]；Jan Koralewski 研究了液压油的黏度对柱塞泵容积效率的影响[53]；孙毅研究了轴向柱塞泵内摩擦副与功率损失的关系[50]。

2. 液压元件角度

径向柱塞泵作为一种液压元件，在为下游液压系统提供高压油液时，要求其输出的液流具有较高的品质。从这一角度出发，就需要对其本身的输出流量波动、流体噪声以及泵的控制特性进行研究。

1）柱塞泵的总输出流量是由泵内多个柱塞的瞬时输出流量叠加而成的，由于单个柱塞的输出流量不是一个定值，且泵内柱塞数目有限，因此，泵的总输出流量就不可避免地存在周期性的波动。参照轴向柱塞泵的瞬时输出流量公式，可以获得不同柱塞数下，柱塞泵输出流量的波动系数[7]。由计算可知，对于相近的柱塞数目，奇数个柱塞较偶数个柱塞能够使泵具有更小的流量波动；胡阳虎研究了径向柱塞泵的柱塞数与理论流量波动之间的关系[51]；闻德生详细研究了多级串联柱塞泵的流量波动产生机制及降低波动的方法[52]；朱金鑫研究了利用蓄能器消除柱塞泵流量波动的方法[53]；李靖祥研究了一种通过控制液压回路中节流阀的开度来对径向柱塞泵输出流量脉动进行调制的方法[54]。

2）柱塞泵内的压力冲击和由此产生的流体噪声是柱塞泵技术中的一个重要问题。压力冲击会造成泵内零部件的振动，影响泵的可靠性和精度，同时高压高速的液流冲击还会产生流体噪声，成为整个液压系统中的一个主要的噪声来源。此外，压力冲击还会通过液压管路传递给下游的液压元件或机械部件，从而影响整个系统的稳定性。在过去的几十年里，降低柱塞泵内的压力冲击和噪声一直是科研工作者研究的一个热点内容。HELGESTAD B O 研究了柱塞泵的压力瞬态，并研究了时间延迟和减振槽对降低流体噪声的作用[55]；Manring 对比了不同几何形状的减振槽的降噪效果[56]；Mandal 则研究了减振槽的容积对降噪的影响[57]；Pettersson MARIA E 提出了一种降噪方法——预压缩滤波容积法（Pre - Compression Filter Volume)，并通过理论分析和实验研究比较了它与其他降噪方法的效果[58]；之后徐兵又对这种方法做了进一步的研究和优化[59, 60]；Harrison 提出了一种利用高阻尼单向阀（Heavily Damped Check Valve）的降噪方法，并分析和评估了它的降噪效果[61]。

3）柱塞泵的控制特性是其另一项重要的性能指标。Catania ANDREA E 通过理论分析和实验研究了高压径向柱塞泵的容积效率和压力控制策略[62]；张斌建立了数字式柱塞泵的数学模型和虚拟样机，并研究了其控制精度等性能[63]；王建森通过仿真实验研究了变量泵的恒功率控制方法[64]。

1.6.3 商用径向柱塞泵产品现状概述

液压泵作为一种液压元件，在工业中具有广泛的应用背景，特别是在冶金、锻压以及金属成型等领域中发挥着重要作用。据国际统计委员会（International Statistics Committee，I. S. C）统计，2019 年国际流体动力市场（民用）销售总额达 463 亿欧元并呈现出逐渐上升趋势（见图 1-27）。其中液压传动市场份额为 340 亿欧元，其余为气动。在液压传动市场中，液压泵又占到其中的 17%（见图 1-28）[65]。中国是全球第二大液压产品市场，液压元件生产企业超过 1000 家，从业人员近 5 万人。根据中国液压气动密封件工业协会统计，2018 年，我国 84 家液压行业重点联系企业的液压元件产量达 1613 多万台（件），其中液压泵产量超过 533. 2 万台，液压产品工业产值和销售产值分别为 224. 4 亿元人民币和 216. 4 亿元人民币。全国液压产品销售总额约占全球液压市场总额的 29%[34]。在这样的市场环境下，国内外的液压元件制造商迅速崛起，各类液压泵产品层出不穷。

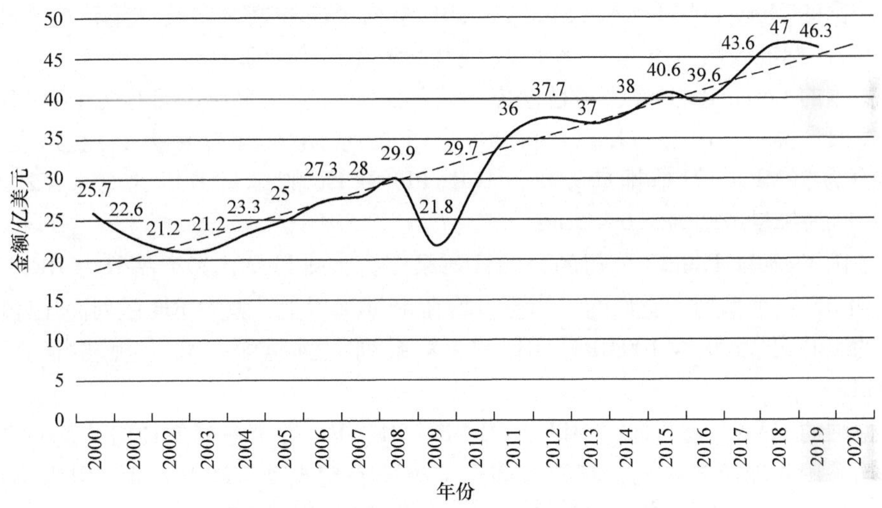

图 1-27　国际流体动力市场（民用）销售额走势

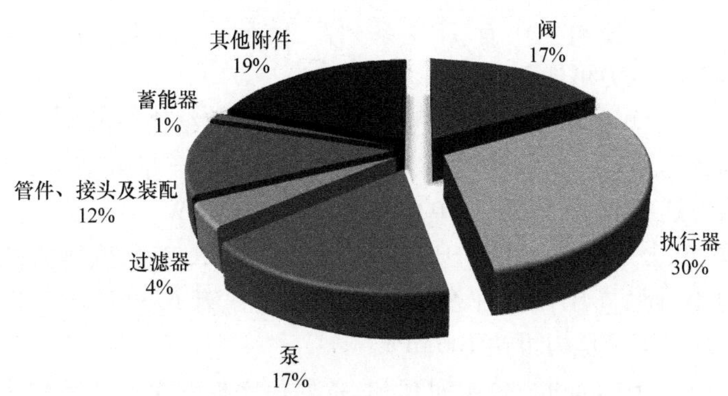

图 1-28　2019 年国际液压传动市场技术领域分布

美国的液压与气动工业居世界第一位[66]，包括 Eaton Vickers、Parker 在内的著名企业的技术和产品在业内享有良好的口碑，并占据较大的市场份额。而在径向柱塞泵方面，则以 MOOG 公司为代表。截至 2016 年，MOOG 公司拥有一个系列的径向柱塞泵——RKP 系列径向柱塞泵。其技术于 2001 年收购自德国 Bosch 公司，后经过改进和优化形成了现在的产品。该 RKP 系列径向柱塞泵的传动形式为缸转式，配流方式为轴配流。在该泵中，可以通过控制定子的偏心量，来改变柱塞的行程，从而达到变排量的目的。RKP 系列径向柱塞泵现有的排量范围为：19 ~ 140mL/r。标准版额定压力为 28MPa，峰值压力为 35MPa；高压版额定压力为 35MPa，峰值压力可达 42MPa。改进型 RKP - Ⅱ径向柱塞泵由原来的 7 柱塞改为 9 柱塞，降低了流量波动和噪声。此外，为了实现对泵的流量和压力的精确控制，MOOG 还开发了集成比例阀的 RKP - D 型径向柱塞泵。

美国的 Maryland Metrics 公司拥有 JBP 系列径向柱塞泵，其排量范围为 10 ~ 250mL/r。标准版额定压力为 28MPa，高压版额定压力为 35MPa。

德国的 Bosch Rexroth 公司是世界一流的工业自动化企业，拥有两个系列的径向柱塞泵产品——PR4 - 1X 系列和 PR4 - 3X 系列。它们均为定量泵，且最大工作压力均为 70MPa，但是排量较小，其中 PR4 - 1X 的排量范围为 0.4 ~ 2mL/r；PR4 - 3X的排量范围为 1.6 ~ 20mL/r。

德国 Wepuko Pahnke 公司的径向柱塞泵多为大排量泵，其产品分为 RF、RH、RKP 和 RX 四个系列，它们的工作压力均在 45MPa 以上。其中 RH 系列高压径向柱塞泵的工作压力可达 100MPa。RF 和 RX 系列大排量泵的最大规格排量可达 1000mL/r。

德国的 HAWE 公司拥有 MPE、PE、R、RF、RG 五个系列的径向柱塞泵产品，它们均采用阀配流式结构，其柱塞的运动由偏心轮驱动。MPE 和 PE 型为小排量泵，排量范围为：0.062 ~ 1.52mL/r，可以适应 1450 ~ 2850r/min 的高速运转，最高压力可达 70MPa。R、RG 和 RF 型的排量规格较大，其中 RF 系列可配置多达六排柱塞，最高排量为 62mL/r。

德国的 Beinlich 公司生产有 TRG 系列高压径向柱塞泵，排量范围为 0.4 ~ 42mL/r，最高工作压力可达 70MPa。

瑞士的 Hydrowatt 公司拥有 R 系列径向柱塞泵，其结构为典型的正多边形过渡套驱动式径向柱塞泵，柱塞数系列为：5、7、10、14。流量范围为 20 ~ 800L/min，最高工作压力可达 41.5MPa，最大单台装机功率达 571kW。

瑞士的 BieRi 公司拥有 BRK、HRK 和 SRK - ATEX 三个系列的径向柱塞泵产品，它们均为小排量高压径向柱塞泵，最高排量只有 6.33mL/r，额定压力均在 70MPa 以上，最高工作压力可达 100MPa。

法国的 Poclain Hydraulics 公司拥有 PL 系列径向柱塞泵，其结构为曲轴连杆式单向阀配流径向柱塞泵，最多可输出六路独立流量，最高总排量可达 444mL/r，额定压力可达45MPa。

意大利的 Atos 公司生产有 PFR 型定量径向柱塞泵，其排量范围为：1.7 ~ 25.4mL/r，最高工作压力可达50MPa。

印度的 Polyhydron 公司拥有多个系列的径向柱塞泵产品，其柱塞均由偏心轮驱动，配流方式为阀配流，泵内可配置两排柱塞，单列柱塞数可为2、3、5或7个。排量范围为：137 ~279mL/r，额定压力可达40MPa。

在国内，太原科技大学（原太原重型机械学院）与山西平阳重工有限责任公司（原山西平阳机械厂）合作研制成功了“新型电液比例负载敏感径向柱塞变量泵”（JBP 系列径向柱塞泵），该新型泵为缸转式轴配流径向柱塞泵，额定压力：28MPa[40,67]，排量范围：16 ~250mL/r。研究人员针对该系列下的 JBP -40 型号开展了一系列研究，并取得了多项成果[68,69]。

参考文献

[1] MAYS L W. Ancient Water Technologies [M]. Dordrecht: Springer, 2010.

[2] YANNOPOULOS S I, LYBERATOS G, THEODOSSIOU N, et al. Evolution of Water Lifting Devices (Pumps) over the Centuries Worldwide [J]. Water, 2015, 7 (9): 5031 - 5060.

[3] 路甬祥. 流体传动与控制技术的历史进展与展望 [J]. 机械工程学报, 2001, 37 (10): 1 - 9.

[4] ENCYCLOPEDIA BRITANNICA. "Blaise Pascal" [EB/OL]. (2018 - 10 - 10) [2021 - 10 - 26]. https://www.britannica.com/biography/Blaise-Pascal.

[5] PASCAL B, BARRY F, SPIERS I H B, et al. The physical treatises of Pascal: The equilibrium of liquids and the weight of the mass of the air [M]. New York: Columbia University Press, 1937.

[6] 王玲花, 杨泽明, 尚华. 脉冲液体射流泵性能研究 [M]. 北京: 中国水利水电出版社, 2014.

[7] 李壮云. 液压元件与系统 [M]. 3 版. 北京: 机械工业出版社, 2011.

[8] VULLO V. Springer Series in Solid and Structural Mechanics: Gears: Volume 3 [M]. Cham: Springer International Publishing, 2020.

[9] BAICHUN Z. History of Mechanism and Machine Science: Explorations in the History and Heritage of Machines and Mechanisms [M]. Cham: Springer International Publishing, 2019.

[10] 中国机械工程学会. 中国机械史·图志卷 [M]. 北京: 中国科学技术出版社, 2014.

[11] 史晓雷. 中国古代活塞式风箱出现的年代新考 [J]. 中国科技史杂志, 2015, 36 (01): 72 - 81.

[12] RATCLIFF J R. Samuel Morland and his calculating machines 1666: the early career of a courtier inventor in Restoration London [J]. The British Journal for the History of Science, 2007, 40 (2): 159 - 179.

[13] ROSEN W. The most powerful idea in the world: A story of steam, industry, and invention [M]. Illinois: University Of Chicago Press, 2010.

[14] COOPER W, HAMPTON G P. Rotary reciprocating pump: US511044 [P]. 1893 - 12 - 19.

[15] SKINNER S. Hydraulic Fluid Power - A Historical Timeline [M]. North Carolina: Lulu.com Press, 2014.

[16] SALTZMAN M. The Art of Distillation and the Dawn of the Hydrocarbon Society [J]. Bull Hist Chem, 1999, 24 (1999): 53 - 60.

[17] VACCA A, FRANZONI G. Hydraulic Fluid Power: Fundamentals, Applications, and Circuit Design [M]. Hoboken, NJ: John Wiley & Sons, 2021.

[18] THE FRANKLIN INSTITUTE. Potts Awards: Reynold Janney, Engineering [EB/OL]. (1919 - 11 - 19) [2021 - 11 - 30]. https://www.fi.edu/awards/potts.

[19] CLARK D K. The Steam Engine: A Treatise on Steam Engines and Boilers [M]. London: Blackie & Son, 1891.

[20] HELE - SHAW H S. Improvements in and connected with Hydraulic Apparatus: GB190912574A [P]. 1909 - 10 - 1.

[21] HELE - SHAW H S. Improvements in Hydraulic Transmission Apparatus: GB191012943A [P]. 1911 - 8 - 28.

[22] HELE－SHAW H S. Variable－stroke motor or pump：US1152729 [P]. 1915－9－7.

[23] GUY H L. HS Hele－Shaw 1854－1941 [M]. London：The Royal Society London，1941.

[24] MARTINEAU F L. Hydraulic Transmission [J]. Proceedings of the Institution of Automobile Engineers，1916，11（1）：223－258.

[25] WEPUKO PAHNKE GMBH. Pumps with variable flow rate [EB/OL].（2021－05－26）[2021－11－30]. https：//www. wepuko. de.

[26] MCELROY S. Papers on hydraulic engineering [J]. Journal of the Franklin Institute，1862，74（6）：361－373.

[27] BJöRLING P R. Pumps：Historically，Theoretically，and Practically Considered [M]. Merseyside：Sagwan Press，2018.

[28] HYDROWATT AG. High－Pressure Radial Piston Pumps [EB/OL].（2021－06－28）[2021－10－28]. http：//www. hydrowatt. com.

[29] BOSCH REXROTH AG. Bosch Rexroth－Hägglunds motors [EB/OL].（2021－06－10）[2021－10－28]. https：//www. boschrexroth. com/en/xc/company/hagglunds/hagglunds－motors/.

[30] 赵升吨，郭桐，李靖祥，等．一种采用双列滑阀配油的液压回程径向柱塞泵：201410151109. 5 [P]. 2014－4－15.

[31] 全国液压气动标准化技术委员会．流体传动系统及元件　词汇：GB/T 17446—2012 [S]. 北京：中国标准出版社，2013.

[32] International Organization for Standardization. Fluid power systems and components－Vocabulary：ISO 5598：2020 [S]. Geneva：International Organization for Standardization，2020－01.

[33] 国家自然科学基金委员会工程与材料科学部．机械工程学科发展战略报告：2011—2020 [M]. 北京：科学出版社，2010.

[34] 李耀文．中国战略性新兴产业研究与发展・高端液气密元件 [M]. 北京：机械工业出版社，2021.

[35] UNITED STATES PATENT AND MARK OFFICE. Results of Search in US Patent Collection db for：radial piston pump OR radial plunger pump [EB/OL].（2021－10－26）[2021－11－30]. https：//patft. uspto. gov.

[36] EUROPEAN PATENT OFFICE. Espacenet search results of radial piston pump or radial plunger pump [EB/OL].（2021－10－31）[2021－11－30]. https：//www. epo. org/searching－for－patents. html.

[37] 日本专利厅．特許・実用新案検索：ラジアルピストンポンプ [EB/OL].（2021－10－31）[2021－11－15]. https：//www. j－platpat. inpit. go. jp/p0100.

[38] GRABON W，KOSZELA W，PAWLUS P，et al. Improving tribological behaviour of piston ring－cylinder liner frictional pair by liner surface texturing [J]. Tribology International，2013，61（61）：102－108.

[39] QIAN D，LIAO R. A Nonisothermal Fluid－Structure Interaction Analysis on the Piston/Cylinder Interface Leakage of High－Pressure Fuel Pump [J]. Journal of Tribology，2014，136（2）：325－325.

[40] 贾跃虎，王荣哲，安高成．新型径向柱塞泵［M］．北京：国防工业出版社，2012.
[41] 赵翠萍，贾跃虎，刘良玉，等．径向柱塞泵高速滑动摩擦副材料的性能分析［J］．机械工程与自动化，2008，(5)：103－105.
[42] 贾跃虎，乔田红．径向柱塞泵高速滑动摩擦副可靠性实验［J］．太原科技大学学报，2003，24（4）：299－301.
[43] 韩雪梅，王荣哲．新型径向柱塞泵摩擦副泄漏原因分析与改进［J］．液压气动与密封，2000，(3)：12－13.
[44] MANRING N D. Friction Forces Within the Cylinder Bores of SwashPlate Type Axial－Piston Pumps and Motors［J］. Journal of Dynamic Systems Measurement & Control，1999，121（3）：531－537.
[45] 周华，王彬，杨华勇．轴向柱塞泵摩擦副润滑膜性能动态试验系统分析［J］．润滑与密封，2006，(7)：8－11.
[46] 艾青林．轴向柱塞泵配流副润滑特性的试验研究［D］．杭州：浙江大学，2005.
[47] 邓海顺．织构化配流副摩擦润滑特性的理论与试验研究［D］．南京：南京航空航天大学，2013.
[48] IVANTYSYNOVA M，BAKER J. Power Loss in the Lubricating Gap between Cylinder Block and Valve Plate of Swash Plate Type Axial Piston Machines［J］. International Journal of Fluid Power，2009，10（2）：29－43.
[49] KORALEWSKI J. Influence of hydraulic oil viscosity on the volumetric losses in a variable capacity piston pump［J］. Polish Maritime Research，2011，18（3）：55－65.
[50] 孙毅．轴向柱塞泵滑靴及其偶件的润滑与功率损失的研究［D］．哈尔滨：哈尔滨工业大学，2013.
[51] 胡阳虎，赵升吨，杨大安，等．柱塞泵缸数与输出波动关系的研究与分析［J］．锻压装备与制造技术，2011，46（04）：79－82.
[52] 闻德生，潘景昇，吕世君，等．多级串联柱塞泵流量波动性的研究与探讨［J］．液压气动与密封，2002，(06)：12－14.
[53] 朱金鑫．消除柱塞泵流量脉动的方法［J］．机床与液压，2006，(08)：166－167.
[54] 李靖祥，郭桐，刘辰，等．径向柱塞泵流量脉动调制及仿真实验研究［J］．机床与液压，2015，43（1）：1－3.
[55] HELGESTAD B O，FOSTER K，BANNISTER F K. Pressure transients in an axial piston hydraulic pump［J］. ARCHIVE Proceedings of the Institution of Mechanical Engineers，1974，188（17/74）：189－199.
[56] MANRING N D. Valve－Plate Design for an Axial Piston Pump Operating at Low Displacements［J］. Journal of Mechanical Design，2003，125（1）：200－207.
[57] MANDAL N P，SAHA R，SANYAL D. Effects of flow inertia modelling and valve－plate geometry on swash－plate axial－piston pump performance［J］. Proceedings of the Institution of Mechanical Engineers，Part I：Journal of Systems and Control Engineering，2011，226（4）：451－465.
[58] WEDDFELT K G，PETTERSSON M E，PALMBERG J O S. Methods of Reducing Flow Ripple from Fluid Power Piston Pumps － an Experimental Approach：SAE International International

Off – Highway & Powerplant Congress & Exposition, 09 – 09 [C]. Linköping: Linköping University, 1991, 1 – 14.

[59] XU B, SONG Y, YANG H. Pre – compression volume on flow ripple reduction of a piston pump [J]. Chinese Journal of Mechanical Engineering, 2013, 26 (6): 1259 – 1266.

[60] XU B, ZHANG J, YANG H. Simulation research on distribution method of axial piston pump utilizing pressure equalization mechanism [J]. Proceedings of the Institution of Mechanical Engineers, Part C: Journal of Mechanical Engineering Science, 2012, 227 (3): 459 – 469.

[61] HARRISON A M, EDGE K A. Reduction of axial piston pump pressure ripple [J]. Proceedings of the Institution of Mechanical Engineers Part I: Journal of Systems and Control Engineering, 2000, 214 (1): 53 – 63.

[62] CATANIA A E, FERRARI A. Experimental Analysis, Modeling, and Control of Volumetric Radial – Piston Pumps [J]. Journal of Fluids Engineering, 2011, 133 (8): 602 – 610.

[63] 张斌，徐兵，杨华勇，等. 基于虚拟样机技术的数字式柱塞泵控制特性研究 [J]. 浙江大学学报：工学版，2010，44（1）：1 – 7.

[64] 王建森，王峥嵘，张玮. 基于MATLAB的模糊PID径向柱塞变量泵恒功率控制的仿真[J]. 液压气动与密封，2006（4）：31 – 33.

[65] International Statistics Committee. International Fluid Power Statistics [EB/OL]. (2021 – 04 – 21) [2021 – 11 – 30]. https: //bfpa. co. uk.

[66] 杨尔庄. 国际液压、气动工业及市场发展动向 [J]. 液压气动与密封，2001，85（1）：3 – 8.

[67] 赵婕. JBP – 40 径向柱塞泵运动件及滑靴副的高压化研究 [D]. 太原：太原科技大学，2014.

[68] 赵翠萍. JBP – 40 型径向柱塞泵公称转速和额定压力的确定因素研究 [D]. 太原：太原科技大学，2008.

[69] 贾跃虎，王明智. JBP 40 径向柱塞泵配油轴与转子配合间隙的研究 [J]. 太原重型机械学院学报，1999（04）：318 – 321.

第 2 章

径向柱塞泵的结构和性能参数

2.1 径向柱塞泵的基本特征及分类

径向柱塞泵是一类柱塞布置于泵体内径向平面内，并在传动轴的驱动下做往复运动从而改变工作腔容积，并利用一定的配流装置实现吸、排油动作的液压泵。

2.1.1 径向柱塞泵的基本结构特征

径向柱塞泵有三个结构要素：柱塞径向布置、转子与定子间具有偏心量和通过一定的配流装置实现泵的配流。

1. 柱塞径向布置

柱塞径向布置是径向柱塞泵区别于其他类型柱塞泵的最显著的结构特征。不少文献将“径向”解释为“垂直于传动轴”，这在一般情况下是恰当的，以此为标准可将径向柱塞泵与轴向柱塞泵相区分。但考虑到往复式柱塞泵的柱塞也是垂直于传动轴安装的，而按习惯又不属于径向柱塞泵，因此，上述对“径向”的解释似乎有失确切。此外，且柱塞与传动轴间并不存在严格的“安装关系”，而仅为传动关系，故以柱塞相对于传动轴的方位作为定义并不理想。

径向柱塞泵内通常至少配有 3 个以上的柱塞，所有柱塞均呈辐射状安装在转子缸体或定子缸体内。无论是转子缸体或定子缸体，其都为中心对称结构，有确定的轴线。柱塞所安装的平面即为垂直于缸体轴线的一个或多个径向平面。因此，本书将“径向”解释为沿缸体的径向，这种解释可以将径向柱塞泵与轴向柱塞泵、往复式柱塞泵在概念上明确地区分开来。

2. 转子与定子间具有偏心量

径向柱塞泵的输入运动为转动，柱塞的有效运动为直线往复运动，因此传动环节中需要一定的凸轮机构实现运动形式的转换。该凸轮机构既可是外凸轮也可是内凸轮。凸轮的轮廓线决定了柱塞的运动规律。当凸轮轮廓线的曲率在周向上处处相等时，凸轮即退化为偏心轮。为了降低径向柱塞泵的制造难度、减小柱塞推力的压力角和改善润滑特性，现有典型径向柱塞泵商用产品均采用偏心轮式结构。柱塞的行程等于偏心量的2倍，通过调节偏心量即可改变泵的排量。

3. 配流装置

径向柱塞泵通过柱塞的往复运动改变柱塞腔的容积，由于柱塞腔不能自动切换与吸、排油口的连通状态，因此需要通过一定的配流装置控制油液在泵内的流动方向。径向柱塞泵常用的配流方式有三种：单向阀配流、轴配流和端面配流。

综上，径向柱塞泵均具有柱塞沿缸体径向布置的特点，但它们在定子和转子间设置偏心距的方式（传动方式）以及采用的配流装置上有所区别，并因此形成了不同的径向柱塞泵结构。

2.1.2 径向柱塞泵的分类

典型的径向柱塞泵商用产品可分为缸体旋转式（外偏心，通过调整定子偏心量变量）和偏心轮驱动式（内偏心，一般为定量），如图2-1所示。其中内偏心又可分为偏心轮直接驱动和通过正多边形过渡套驱动两种。为了降低柱塞与偏心轮间的摩擦和磨损，还可通过在柱塞底部设置滑靴实现静液压力支承，以降低接触面间的正压力，改善润滑状态。

不同的传动结构需要与之对应的配流方式配合工作。

（1）缸转式径向柱塞泵　缸转式径向柱塞泵的缸体随传动轴旋转，因此传动轴转动到不同角度时，柱塞腔所在方位也随之变化，柱塞腔无法始终与壳体上的同一固定流道保持直接连通。因此，通常利用在定子上配置的配流轴或配流盘实现配流。在配流轴或配流盘上分别开设有与外部供油管路相固连的吸油流道和与外部排油管路相固连的排油流道，柱塞腔处于不同方位时其油口交替地与吸排油口相连通从而实现配流动作。这种配流方式本书称为**位置控制的配流**。

（2）偏心轮驱动式径向柱塞泵　该类径向柱塞泵的缸体固定，柱塞腔始终与固定的吸、排油流道连接，但其连通状态需随柱塞的运动状态而切换。通常采用单向阀为柱塞腔配流。单向阀的允许流动方向为柱塞腔的排油方向，单向阀的开启和关闭随柱塞腔内压力的变化而切换。这种配流方式本书称为**压力控制的配流**。

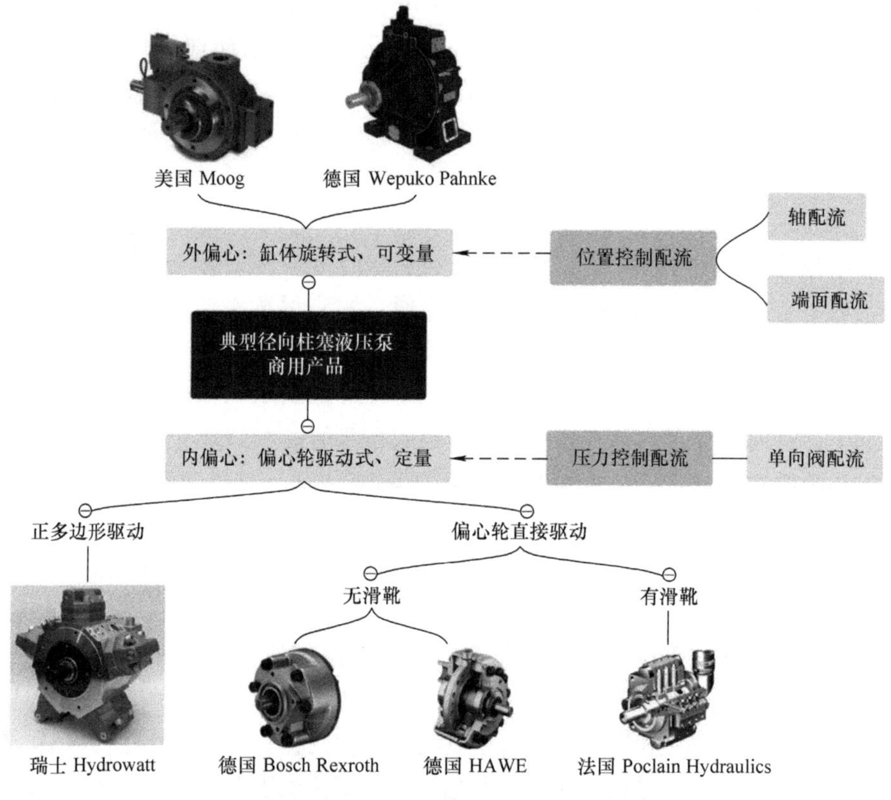

图 2-1 径向柱塞泵结构及典型商用产品

2.2 径向柱塞泵的传动系统结构

2.2.1 缸体旋转式径向柱塞泵

缸体旋转式径向柱塞泵（简称缸转式径向柱塞泵）是最早出现的现代径向柱塞泵，它于 1908 年由英国工程师海勒 · 肖发明，至今仍然是变量径向柱塞泵的主要结构形式。如图 2-2 所示，缸体在传动轴的驱动下转动，安装在其内部的柱塞随之转动，在离心力和液压力的共同作用下，柱塞抵紧壳体内壁，由于缸体与泵壳体之间具有一定的偏心距，因此，柱塞在随缸体转动的同时，在壳体内壁的引导下，做径向往复运动，实现柱塞腔容积的周期性变化，其动力传递路径如图 2-3 所示。

此种结构的径向柱塞泵中，柱塞的头部与壳体内壁之间存在高速的相对滑动，其速度通常能达到 5 ~ 10m/s，且由于在柱塞压油过程中，柱塞腔内的压力与负载压力大致相等，通常能达到 10MPa 以上，所以这一对摩擦副具有很高的 pv 值（p 为接触面间的正压力；v 为线速度）。此外，柱塞在转动时，其头部与壳体内壁的接触角度是变化的，固定形状的柱塞头部无法与壳体内壁始终保持良好的面接触，这将进一步地加剧磨损，因此，必须采取一定的措施来避免柱塞头部的破坏。目前，针对柱塞与定子间的滑动摩擦磨损问题，采用较多的解决办法是改进柱塞结构，在柱塞头部安装滑靴。滑靴可以相对于柱塞做一定角度范围内的摆动，因此可以使柱塞在随缸体转动时，滑靴底面与缸体内壁之间保持良好的面接触，减小接触处的压力。此外，还通过在滑靴底部开设油室，将柱塞腔内的高压油引到接触面上，从而起到静压支承作用，减小接触表面之间的正压力，进而减少摩擦磨损。

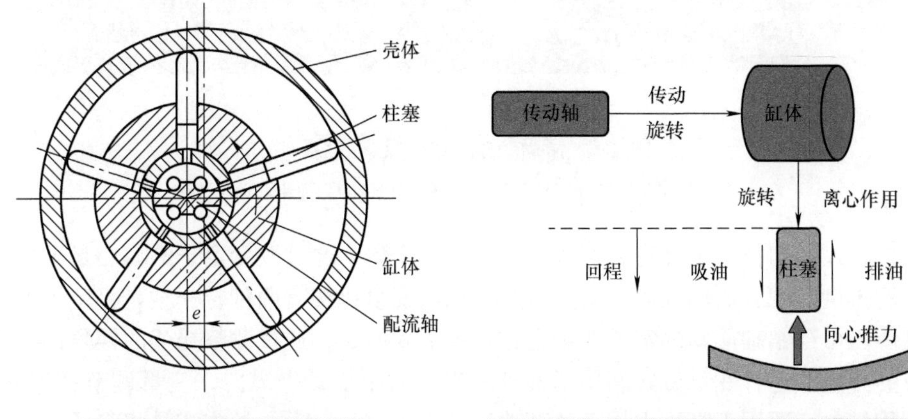

图2-2　缸转式径向柱塞泵

图2-3　缸转式径向柱塞泵的动力传递路径

滑靴的安装形式有两种，一种是将柱塞的头部加工成球头，较小的滑靴上开设与之匹配的球窝，球头与球窝相铰接，如图2-4a所示，这种滑靴结构的可摆动角度范围很大，高速运动时存在发生翻转的风险，因此必须配合限位部件一起使用。另一种是滑靴上伸出有连杆，球头设置在连杆顶端，球窝设置在柱塞内部，连杆插入柱塞内与球头铰接，如图2-4b所示，柱塞的孔壁边缘可将滑靴的摆动角度限制在一定的范围内，从而防止高速运动时的翻转，但此种结构要求柱塞具有较大的直径。在商用产品中，第一种结构主要应用于轴向柱塞泵或缸转式径向柱塞泵中，第二种结构主要应用于凸轮驱动式径向柱塞泵或径向柱塞马达中，如图2-5所示。由于轴向柱塞泵和缸转式径向柱塞泵的柱塞直径通常较小，因此，一般只能满足第一种滑靴结构的安装空间要求，至于对滑靴的摆动限位，则由轴向柱塞泵内的回程盘实现。而凸轮驱动式径向柱塞泵的柱塞直径可以设计得较大，因此可以采用第二种结构。采用回程

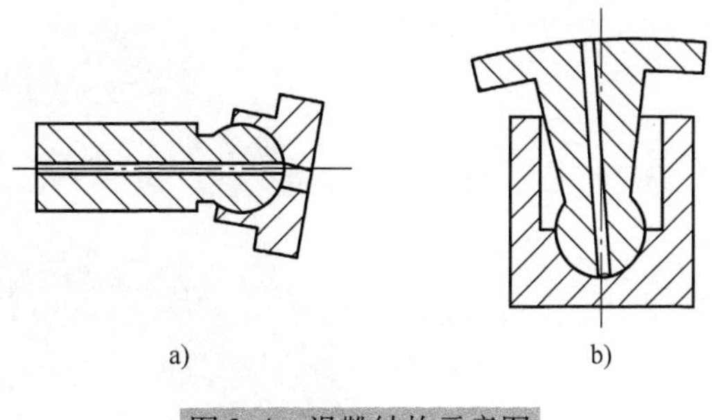

图2-4　滑靴结构示意图

a）球窝式滑靴　b）球头连杆式滑靴

环的径向柱塞泵，其回程环通常扣压在柱塞滑靴边缘，以保证滑靴表面始终能够与定子内壁或偏心轮保持良好的接触，回程环结构同样也能起到预防滑靴翻转的作用。

a)

b)

图 2-5 商用产品所用滑靴实物照片

a）轴向柱塞泵用和径向柱塞泵用球窝式滑靴 b）球头连杆式滑靴

缸转式径向柱塞泵柱塞行程等于偏心距的 2 倍，通过改变定子的偏心量即可调节泵的排量。现有商用径向柱塞变量泵采用的变量机构有两种，一种是将定子安装于泵体内可绕销轴摆动的定子托架上，如图 2-6 所示，通过调整托架的摆角即可改变泵的排量。这种变量方式利用了杠杆原理放大了变量操纵力，变量调节精度高，但体积较大，适用于高压大排量的高功率径向柱塞泵。另一种方式是将定子安装于泵壳体内，如图 2-7 所示，通过调节变量驱动柱塞的压力改变定子位置从而实现变

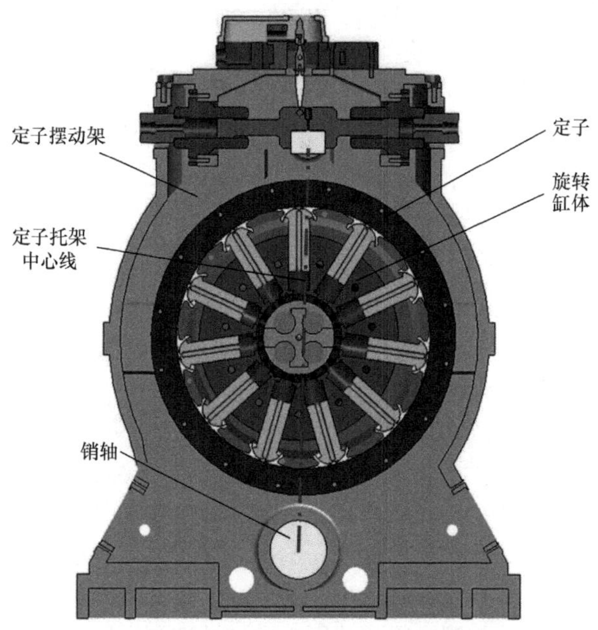

图 2-6 缸转式径向柱塞泵摆动托架变量机构示意图

量，此种变量方式还用于单作用变量叶片泵中，具有结构紧凑，传动简单的优点，多用于中小型径向柱塞泵。

目前，采用缸转式结构的典型商用径向柱塞泵产品有美国 MOOG 公司的 RKP 径向柱塞泵（见图 2-7）以及德国 Wepuko PAHNKE 公司的 RX 径向柱塞泵等。

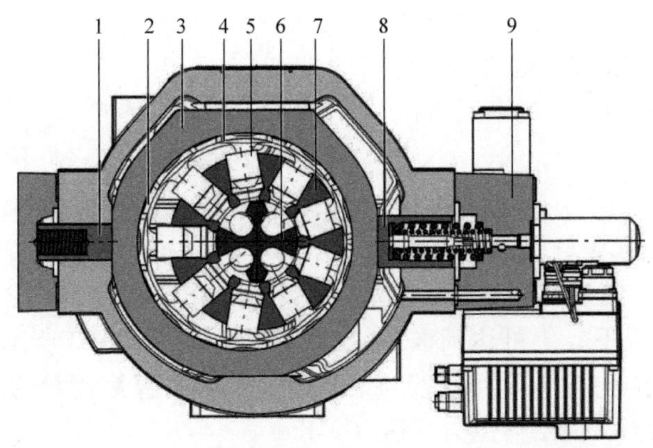

图 2-7　MOOG 公司 RKP 径向柱塞泵滑动定子式变量机构示意图

1—控制柱塞 1　2—滑靴　3—定子　4—回程环　5—柱塞　6—配流轴　7—转子　8—控制柱塞 2　9—控制阀

2.2.2　偏心轮驱动式径向柱塞泵

偏心轮驱动式径向柱塞泵工作原理较缸转式径向柱塞泵更为简单，如图 2-8 所示，柱塞安装在泵体内部且不随转动轴转动，柱塞底部抵在偏心轮上，并被回程机构（弹簧或回程环）压紧。传动轴旋转时，柱塞便在偏心轮的驱动下在泵体内做往复直线运动，使柱塞腔的容积周期性变化，进而通过与柱塞腔连接的单向阀实现吸油和排油。此类径向柱塞泵内可设置不止一排柱塞，从而使排量倍增。柱塞的动力传递路径如图 2-9 所示。偏心轮驱动式径向柱塞泵吸、排油时柱塞的运动方向与缸转式径向柱

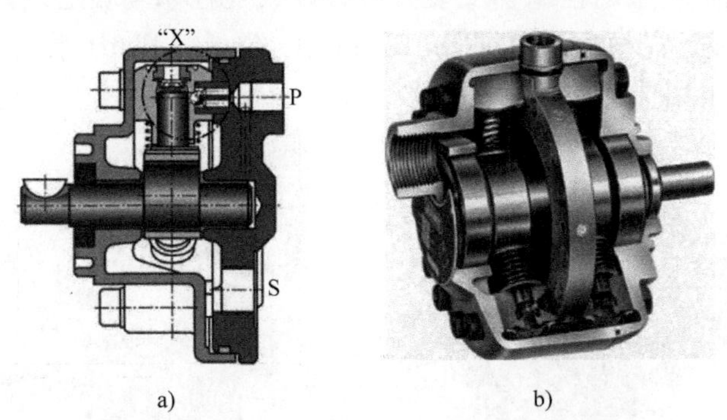

图 2-8　偏心轮驱动式径向柱塞泵结构示意图

a）Bosch Rexroth 的 PR4 –1X 径向柱塞泵　b）HAWE 的 R 系列径向柱塞泵

塞泵相反：前者的排油压力由偏心轮的径向推力提供，排油时柱塞向外运动，吸油时在回程弹簧或回程环的牵引下向心运动；而缸转式径向柱塞泵的排油压力由定子内壁面的向心推力提供，排油时，柱塞向内运动，吸油时柱塞在离心力和回程环的牵引力作用下向外运动。

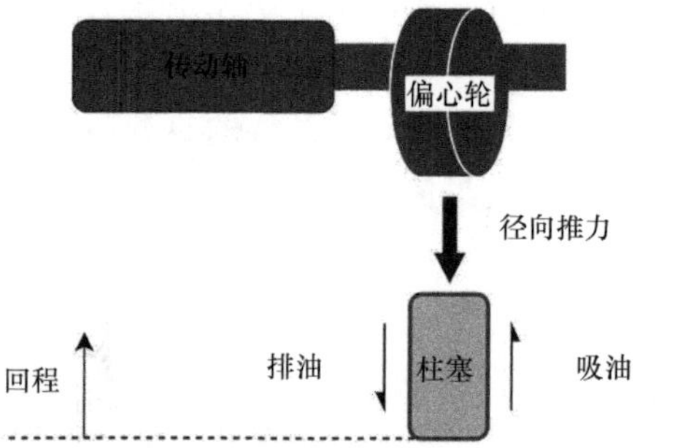

传动轴
偏心轮
径向推力
回程
排油
柱塞
吸油

图 2-9　偏心轮驱动式径向柱塞泵的动力传递路径

偏心轮驱动式的小排量径向柱塞泵的柱塞底面通常与偏心轮直接接触，结构简单，制造容易。由于柱塞直径较小，在柱塞与偏心轮间的正压力低于材料许用力的前提下，仍可达到很高的工作压力。如图 2-10 所示，瑞士 BieRi 公司的 BRK 系列径向柱塞泵采用柱塞与偏心轮（轴承）直接接触的结构，其排量仅为 0.47 ~2.71mL/r，但工作压力可达 100MPa[1]。

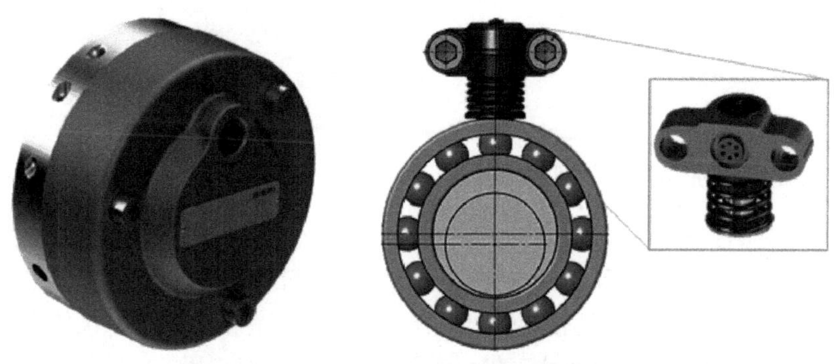

图 2-10　BieRi 公司的 BRK 系列径向柱塞泵

大排量径向柱塞泵的柱塞均安装有滑靴以改变柱塞与偏心轮的线接触为面接触，提高其承载能力。如法国 Poclain Hydraulics 公司的 PL6H 系列径向柱塞泵（见图 2-11），柱塞采用球窝式滑靴，其排量可达 444mL/r，工作压力达 45MPa[2]。

图 2-11　Poclain Hydraulics 公司的 PL6H 系列径向柱塞泵

偏心轮驱动式径向柱塞泵还可在偏心轮上安装一正多边形过渡套，如图2-12所示，柱塞安装在泵壳体内，在弹簧力和液压力的作用下被抵在正多边形过渡套上；正多边形过渡套安装在曲轴的偏心轮上，可以相对偏心轮转动。曲轴转动时，带动正多边形过渡套做圆周运动，由于正多边形过渡套的各个边始终垂直于相应的柱塞轴线，因此正多边形过渡套只平动不转动，柱塞在正多边形过渡套的带动下沿径向往复运动，实现柱塞腔容积的周期性变化。正多边形过渡套驱动式结构常用于制造静力平衡式液压马达。随着液压泵技术的发展，这种结构现在也被引入到径向柱塞泵的设计中。从柱塞受力合理性角度考虑，正多边形过渡套驱动式结构是对偏心轮直接驱动式结构的改进，利用正多边形过渡套将偏心轮的转动转化为直线往复运动，优化了径向柱塞泵的传动性能，降低了摩擦力。

图2-12　瑞士 Hydrowatt 公司的R系列径向柱塞泵

与偏心轮直驱式结构类似，正多边形过渡套驱动式结构中的柱塞也无法自动回程，需要设计回程装置。目前，此类结构的商用产品大都采用在柱塞上设置弹簧的方式来提供回程力。瑞士 Hydrowatt 公司的R系列径向柱塞泵为多边形过渡套驱动结构，其采用的专利柱塞单元能够实现高压下的良好密封和传动，泵内可设置双排14柱塞，最高公称流量可达880L/min，工作压力可达41.5MPa[3]。

2.3　径向柱塞泵传动系统转动惯量分析

径向柱塞泵的转动惯量对液压系统的驱动响应速度具有重要影响。采用不同传动方式的径向柱塞泵，由于泵内转子的组成不同、动力传递路径不同，因此其转动惯量也不相同。本小节则利用泵的基本参数和多个比例因数分别建立三类泵的转动惯量公式并比较其差别。

2.3.1　三类径向柱塞泵转动惯量计算公式

为了使计算结果具有可比性，推导转动惯量公式时应确保不同结构的泵具有相同的排量等基本性能参数，因此三类泵的以下参数应保持相同：柱塞数 z、偏心距 e、传动轴半径 R 及柱塞直径 d。在这些参数中，将传动轴半径 R 和柱塞直径 d 视为基本参数，泵的其他尺寸参数由基本参数与相应尺寸的比例因数的乘积表示。例如，偏心距 e 可以表示为传动轴半径 R 与偏心率 e_k 的乘积。

1. 缸转式径向柱塞泵

缸转式径向柱塞泵的结构如图 2-2 所示，其转动部分为缸体及安装在缸体上的柱塞。由于柱塞尺寸与缸体上的柱塞孔尺寸相近，因此，可将缸转式径向柱塞泵的转动体简化为一个直径和宽度与缸体相同的空心圆柱体，该空心圆柱体中心的圆孔用于套接不随缸体一起旋转的配流轴，为了简化计算，该圆孔的直径以传动轴的直径代替。引入缸体外扩因数 k_{sc} 来计算缸体的厚度（即缸体半径减去中间圆孔的半径）C_c，由于缸体的厚度与柱塞的行程 s_{cy} 有关，亦即与偏心距 e 有关，因此，缸体厚度 C_c 及实心圆柱体半径 R_c 的计算公式如下：

$$C_c = k_{sc}s_{cy} = 2k_{sc}e = 2k_{sc}e_kR \tag{2-1}$$

$$R_c = R + C_c = R + 2k_{sc}e_kR \tag{2-2}$$

式中 C_c——缸体厚度（m）；

k_{sc}——外扩因数；

s_{cy}——柱塞行程（m）；

e——定子与转子的偏心距（m）；

e_k——偏心率；

R——传动轴半径（m）；

R_c——近似实心圆柱体的半径（m）。

缸体的宽度 B_c 用宽度因数 k_{bc} 与传动轴直径 d_s 的乘积表示：

$$B_c = k_{bc}d_s \tag{2-3}$$

为了使各因子的演算过程清晰，d_s 不用 R 代换，进而得到缸转式径向柱塞泵转动惯量 J_c 的计算公式：

$$J_c = \frac{1}{2}\rho\pi B_c(R_c^4 - R^4) = \frac{1}{2}\rho\pi k_{bc}d_sR^4[(1 + 2k_{sc}e_k)^4 - 1] \tag{2-4}$$

式中 J_c——缸转式径向柱塞泵的转动惯量（$kg \cdot m^2$）；

ρ——径向柱塞泵的通用密度（kg/m^3）。

2. 凸轮直接驱动式径向柱塞泵

凸轮直接驱动式径向柱塞泵的结构见图 1-23，其转动部分为偏心轮，因此，其转动惯量由偏心轮的半径 R_e、宽度 B_e 及偏心距 e 决定。为了使偏心轮外径的构成方式与缸转式径向柱塞泵中缸体外径的构成方式相近，将偏心轮分为中轴部分和外扩部分，中轴部分的外径即为传动轴的外径 d，而由于外扩部分与偏心轮的偏心距 e 有关，因此，外扩厚度 C_e 可由外扩因数 k_{se} 与偏心距 e 的乘积表示。

于是，凸轮直接驱动式径向柱塞泵的转动惯量可由下列公式计算得到：

$$C_e = k_{se}e = k_{se}e_kR \tag{2-5}$$

$$R_e = R + C_e = R + k_{se}e_kR \tag{2-6}$$

$$B_e = k_{be}d_s \tag{2-7}$$

$$\begin{aligned} J_e &= \frac{1}{2}\rho\pi B_eR_e^4 + \rho\pi B_eR_e^2e^2 \\ &= \frac{1}{2}\rho\pi k_{be}d_sR^4(1 + k_{se}e_k)^2[(1 + k_{se}e_k)^2 + 2e_k^2] \end{aligned} \tag{2-8}$$

式中　C_e——偏心轮外扩厚度（m）；

k_{se}——外扩因数；

R_e——偏心轮半径（m）；

B_e——转动体宽度（m）；

k_{be}——宽度因数；

J_e——曲轴连杆式径向柱塞泵的转动惯量（$kg \cdot m^2$）。

3. 采用正多边形过渡套的偏心轮驱动式径向柱塞泵

正多边形过渡套驱动式径向柱塞泵的结构见图1-24，其转动部分为偏心轮及安装在偏心轮上的正多边形过渡套。因此，其转动惯量由偏心轮的半径R_q、宽度B_q及正多边形过渡套的质量决定。与曲轴连杆式结构类似，引入外扩因数k_{iq}来计算偏心轮的外扩厚度C_q及半径R_q；引入宽度因数k_{bq}来计算偏心轮的宽度B_q。至于对正多边形过渡套的计算，则引入正多边形过渡套的外扩因数k_{sq}来计算正多边形过渡套的内切圆半径相对于传动轴半径的外扩厚度C_{sq}，进而计算正多边形过渡套的内切圆半径R_{iq}以及面积S_q。

于是，正多边形过渡套的偏心轮驱动式径向柱塞泵的转动惯量可由下列公式计算：

$$C_q = k_{iq}e \tag{2-9}$$

$$R_q = R + C_q = R + k_{iq}e \tag{2-10}$$

$$C_{sq} = k_{sq}e \tag{2-11}$$

$$R_{iq} = R + C_{sq} = R + k_{sq}e \tag{2-12}$$

$$B_q = k_{bq}d_s \tag{2-13}$$

$$S_q = zR_{iq}^2\tan\frac{\pi}{z} = zR^2(1 + k_{sq}e_k)^2\tan\frac{\pi}{z} \tag{2-14}$$

$$\begin{aligned} J_q &= \left(\frac{1}{2}\rho\pi B_qR_q^4 + \rho\pi B_qR_q^2e^2\right) + \rho B_q(S_q - \pi R_q^2)e^2 \\ &= \frac{1}{2}\rho k_{bq}d_sR^4\left[\pi(1 + k_{iq}e_k)^4 + 2z\,e_k^2(1 + k_{sq}e_k)^2\tan\frac{\pi}{z}\right] \end{aligned} \tag{2-15}$$

式中　C_q——偏心轮外扩厚度（m）；

k_{iq}——偏心轮外扩因数；

R_q——偏心轮半径（m）；

C_{sq}——正多边形过渡套内切圆外扩量（m）；

k_{sq}——外扩因数；

R_{iq}——正多边形过渡套内切圆半径（m）；

B_q——转动体宽度（m）；

k_{bq}——宽度因数；

S_q——正多边形过渡套的面积（m^2）；

J_q——正多边形过渡套驱动式径向柱塞泵的转动惯量（$kg\cdot m^2$）。

2.3.2 转动惯量公式统一化对比及设计准则

1. 转动惯量公式的统一化

根据上述分析，三类径向柱塞泵的转动惯量公式分别为式（2-4）、式（2-8）和式（2-15）。由于这三个公式的形式及所涉及的变量均不相同，因此，无法对它们直接进行比较。为了使它们具有可比性，需要对公式进行统一化处理。

根据公式中各参数的意义，容易发现外扩因数 k_{sc}、k_{se}和 k_{sq}分别是三类结构中决定柱塞行程的参数，为了使不同结构的泵具有相同的输出参数，它们的取值应当相同，因此假设

$$k_{sc}=k_{se}=k_{sq}=k_s \tag{2-16}$$

类似地，三类泵的转动体应具有相同的宽度，因此，各宽度因数应相等，即

$$k_{bc}=k_{be}=k_{bq}=k_b \tag{2-17}$$

式中　k_s——转动体外扩因数；

k_b——转动体宽度因数。

此外，需要说明的是，在正多边形过渡套驱动式径向柱塞泵中，有两个外扩因数：偏心轮的外扩因数 k_{iq}以及正多边形过渡套内切圆的外扩因数 k_{sq}。由于正多边形过渡套是套装在偏心轮上的，因此，正多边形过渡套的大小代表了转动体的外形大小；而偏心轮的大小对转动惯量的影响则相对较小。故在式（2-16）中，与其他结构中的外扩因数对应的参数为 k_{sq}。至于 k_{iq}的取值，由于偏心轮的半径应大于传动轴的半径，小于正多边形过渡套内切圆的半径，且其取值的不同对转动惯量的影响较小，故参考现有商用产品的参数，不妨设其值为 1。

$$k_{iq}=1 \tag{2-18}$$

于是，三类径向柱塞泵的转动惯量，其式（2-4）、式（2-8）和式（2-15）可转化为：

$$J_c=\frac{1}{2}\rho\pi k_b d_s R^4[(1+2k_s e_k)^4-1] \tag{2-19}$$

$$J_e=\frac{1}{2}\rho\pi k_b d_s R^4(1+k_s e_k)^2[(1+k_s e_k)^2+2e_k^2] \tag{2-20}$$

$$J_q = \frac{1}{2}\rho k_b d_s R^4 \left[\pi(1+e_k)^4 + 2z e_k^2 (1+k_s e_k)^2 \tan\frac{\pi}{z}\right] \tag{2-21}$$

2. 转动惯量对比

以缸转式径向柱塞泵的转动惯量为基准，引入相对转动惯量系数 x_e 和 x_q，则曲轴连杆式结构和正多边形过渡套驱动式结构的转动惯量分别由 x_e 和 x_q 与基准的乘积表示，即

$$J_e = x_e J_c \tag{2-22}$$

$$J_q = x_q J_c \tag{2-23}$$

因此，

$$x_e = \frac{J_e}{J_c} = \frac{(1+k_s e_k)^2[(1+k_s e_k)^2 + 2e_k^2]}{(1+2k_s e_k)^4 - 1} \tag{2-24}$$

$$x_q = \frac{J_q}{J_c} = \frac{\pi(1+e_k)^4 + 2z e_k^2 (1+k_s e_k)^2 \tan\frac{\pi}{z}}{\pi[(1+2k_s e_k)^4 - 1]} \tag{2-25}$$

式中 x_e——曲轴连杆式结构的相对转动惯量系数；

x_q——正多边形过渡套驱动式结构的相对转动惯量系数。

根据上述公式，曲轴连杆式结构和正多边形过渡套驱动式结构的相对转动惯量系数 x_e 和 x_q 的大小取决于偏心率 e_k 以及转动体外扩因数 k_s，此外，对于正多边形过渡套驱动式结构，其相对转动惯量系数还受柱塞数 z 的影响。通常情况下，偏心率 e_k 为小于 1 的有理数；转动体外扩因数 k_s 为大于 1 的有理数；而柱塞数 z 通常取为大于等于 5 的奇数，以使流量波动较小。上述三个变量在以下范围内取值：

$$e_k \in [0,1] \tag{2-26}$$

$$k_s \in [1,2] \tag{2-27}$$

$$z = 5,7,9 \tag{2-28}$$

利用 MATLAB 软件在上述的变量取值范围内计算 x_e 和 x_q，其结果如图 2-13 和图 2-14 所示。

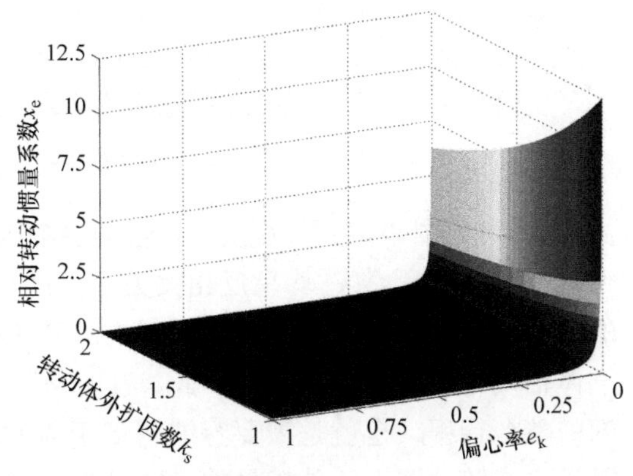

图 2-13　曲轴连杆式径向柱塞泵的相对转动惯量系数云图

由图 2-14 可以看出，不同柱塞数下正多边形过渡套驱动式径向柱塞泵的相对转动惯量系数云图几乎完全相同。这是由于在计算此类结构的转动惯量时，柱塞数仅影响到正多边形过渡套面积的计算，进而影响到正多边形过渡套的转动惯

量，而在正多边形过渡套的边数大于等于 5 且不是无限增大时，其面积随边数的增加而增大的趋势并不十分显著，因此，柱塞数对相对转动惯量系数的影响不大，故本书只对柱塞数为 5 的情况进行阐述，略去在其他柱塞数下的阐述。

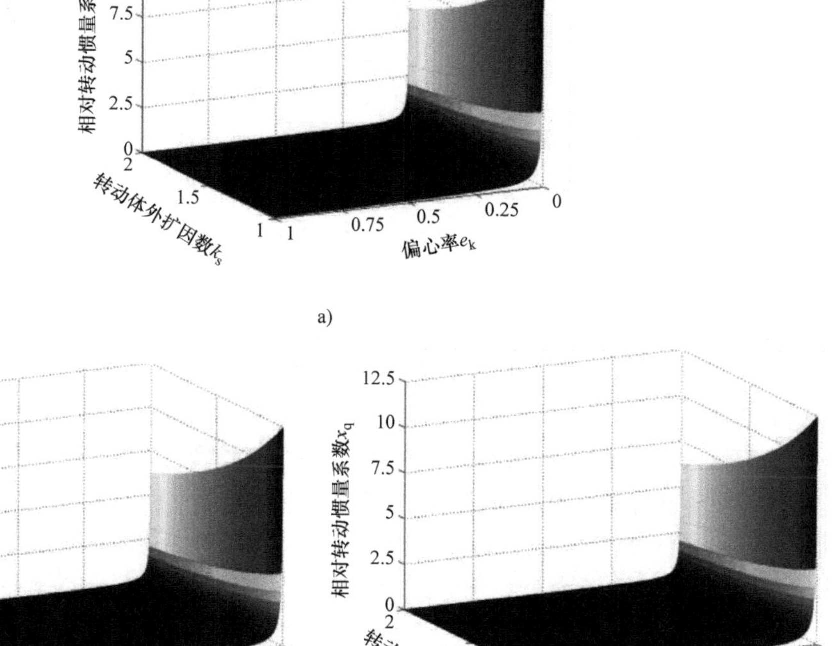

a)

b)

c)

图 2-14　正多边形过渡套驱动式径向柱塞泵的相对转动惯量系数云图

a）柱塞数 z 为 5 时　b）柱塞数 z 为 7 时　c）柱塞数 z 为 9 时

由图 2-13 和图 2-14 可以看出，这两类结构各自的相对转动惯量系数与偏心率 e_k 以及转动体外扩因数 k_s 均呈反相关关系。这是由于随着 e_k 或 k_s 的增大，缸转式结构的转动惯量增量要大于其他两类结构。其原因是：缸转式结构中的转动体是缸体，缸体轴线与转动中心同轴，因此，在缸体转动时，其上的柱塞孔的长度需要容纳柱塞的整个行程，也就是需要容纳两倍于偏心距的长度；而在另外两种结构中，偏心距设置在转动体上，外扩量的设置是为了提高偏心部分的制造工艺性和降低装配难度，故它们只与一倍的偏心距相关。所以，随着 e_k 和 k_s 的变化，缸转式结构外扩量的变化总是两倍于其他两类结构。

当 e_k 在0.2附近以及更小时，各相对转动惯量系数变得对 e_k 的减小非常敏感。这可以用不同结构的转动惯量的构成方式不同来解释：缸转式结构的转动惯量完全来自于缸体，它的计算公式中的各项均含有偏心率 e_k 作为因子，而在另两类结构的转动惯量计算公式中还含有不与偏心率 e_k 相关的项。当 e_k 变得小时，含有 e_k 的各项的值将随之变小，而与 e_k 无关的各项则不受影响；当 e_k 变得非常小时，含 e_k 的各项将变得远小于各无关项。由于在计算相对转动惯量系数时，以缸转式结构的转动惯量作为分母，因此，随着 e_k 变小，各相对转动惯量系数的增加趋势也会越来越显著，根据图2-13和图2-14，这个不显著变化与显著变化的分界处在0.2附近。

根据式（2-21），当 e_k 取非常小的值时，缸体的外扩量 C_c 也将变得非常小。这种情况在实际中是不能出现的，因为缸体的外扩量必须保证其上的柱塞孔为柱塞的密封和导向留有足够的长度，因此，当 e_k 取非常小的值时，缸体的外扩量 C_c 将不能再由式（2-21）计算，故 e_k 小于0.2时出现的相对转动惯量系数骤增只是理论上的趋势。

3. 优化转动惯量的结构设计准则

根据相对转动惯量系数的定义（式（2-24）和式（2-25）），若某结构的相对转动惯量系数小于1，则采用该结构的径向柱塞泵的转动惯量小于同规格的缸转式径向柱塞泵，写作不等式：

$$x_e < 1 \tag{2-29}$$

$$x_q < 1 \tag{2-30}$$

代入式（2-24）和式（2-25）得：

$$15k_s^3e_k^3 - 2k_se_k^3 + 13k_s^2e_k^2 - 2e_k^2 + 5k_se_k - 1 > 0 \tag{2-31}$$

$$\pi[(1+2k_se_k)^4 - 1] - [\pi(1+e_k)^4 + 2z(1+k_se_k)^2\tan(\pi/z)e_k^2] < 0 \tag{2-32}$$

因此，式（2-31）和式（2-32）就分别为曲轴连杆式结构和正多边形过渡套驱动式结构的转动惯量小于传统结构（即缸转式结构）的判定准则。

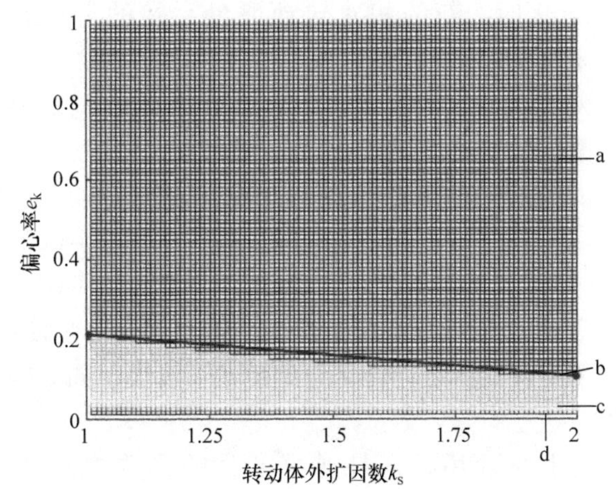

图2-15　曲轴连杆式径向柱塞泵的相对转动惯量系数图

图2-15和图2-16所示分别为曲轴连杆式结构和正多边形过渡套驱动式结构的相对转动惯量系数图，其中a区域均为相对转动惯量系数小于1的区域；b、c、d区域为相对转动惯量系数大于1的区

域。容易发现，两图中的 a 区域与 c 区域的分界均趋近于一条直线（b 区域）或 b 线，则该直线可以视作相对转动惯量系数约等于 1 的直线。因此，b 线可以作为相对转动惯量系数的近似判定标准：在 $k_s - e_k$ 平面内，b 线右上方的坐标所对应的相对转动惯量系数小于 1，b 线左下方的坐标所对应的相对转动惯量系数大于 1。

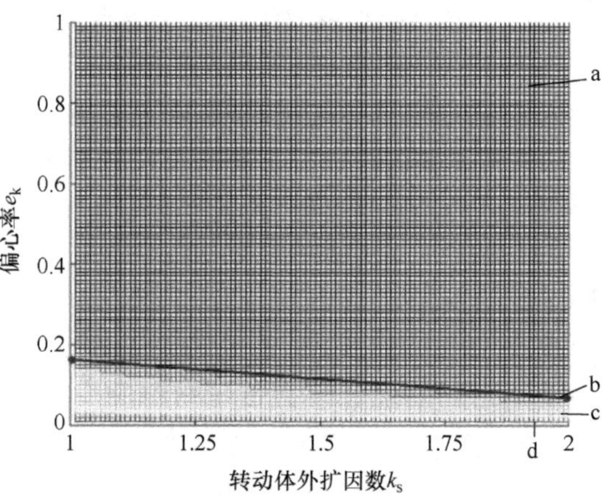

图 2-16　正多边形过渡套驱动式径向柱塞泵的相对转动惯量系数图

对于曲轴连杆式径向柱塞泵，利用平面上 k_s 分别等于 1 和 2 的两点坐标（1，0.1455）和（2，0.0708）可求得其相对转动惯量系数的近似判定准则线方程为

$$L_e: e_k + 0.0747k_s - 0.2202 = 0 \tag{2-33}$$

同理，对于柱塞数分别为 5、7 和 9 的正多边形过渡套驱动式径向柱塞泵，可分别求得各自的相对转动惯量系数的近似判定准则线方程为

$$L_{q\_5}:\ e_k + 0.09k_s - 0.2363 = 0 \tag{2-34}$$

$$L_{q\_7}:\ e_k + 0.0895k_s - 0.2353 = 0 \tag{2-35}$$

$$L_{q\_9}:\ e_k + 0.0894k_s - 0.2351 = 0 \tag{2-36}$$

式（2-34）~式(2-36）彼此非常接近，由式（2-25）可知，柱塞数 z 通过因子 $z\tan(\pi/z)$ 影响 x_q 的值。由于随着 z 的增大，$z\tan(\pi/z)$ 逐渐趋近于一个定值，因此，柱塞越多，柱塞数的变化对 $z\tan(\pi/z)$ 的影响越小。因此，可以推知：当柱塞数大于 9 时，新的相对转动惯量系数的近似判定准则线仍然与式（2-34）~式（2-36)所规定的直线相近。

对式（2-34）~式（2-36）中的各项系数保留两位小数，则它们可化为同一个方程式。同样地，对式（2-33）也保留两位小数。并将得到的新方程改写为不等式：

$$ZL_e: e_k + 0.07k_s - 0.22 > 0 \tag{2-37}$$

$$ZL_q: e_k + 0.09k_s - 0.24 > 0 \tag{2-38}$$

于是，式（2-37）和式（2-38）就分别是使曲轴连杆式径向柱塞泵和正多边形过渡套驱动式径向柱塞泵的转动惯量小于同规格的缸转式径向柱塞泵的近似判定准则。

在常见商用径向柱塞泵产品的参数中，偏心轮驱动式径向柱塞泵均满足式（2-37)和式（2-38)，因此其转动惯量均小于同排量的缸转式径向柱塞泵，其响应速度更好，更易实现容积调速[4]。

2.4 径向柱塞泵的配流方式

现有典型径向柱塞泵商用产品所采用的配流方法主要分为两类：位置控制的配流和压力控制的配流。其中位置控制的配流以轴配流为主，还包括端面配流[5,6]、滑阀配流[7]等形式；压力控制的配流主要指单向阀配流，是结构最简单的配流方式。此外，近年来还出现了一种基于电控高速开关阀配流的数字式配流变量方法[8]。

2.4.1 轴配流式径向柱塞泵

轴配流式径向柱塞泵的配流原理如图2-17所示，配流轴上开有相互隔离的半圆弧油槽，油槽与轴向孔连通，进而使得一个弧槽连通油箱，另一个弧槽连通负载，当缸体与配流轴相对转动时，各个柱塞腔分别交替地与两个半圆弧油槽连通，通过配置弧槽和偏心方向的位置关系，可以实现当柱塞腔容积增大时，通过连通油箱的弧槽吸入油液，当柱塞腔容积减小时，通过与负载连通的弧槽向负载输出高压油液。

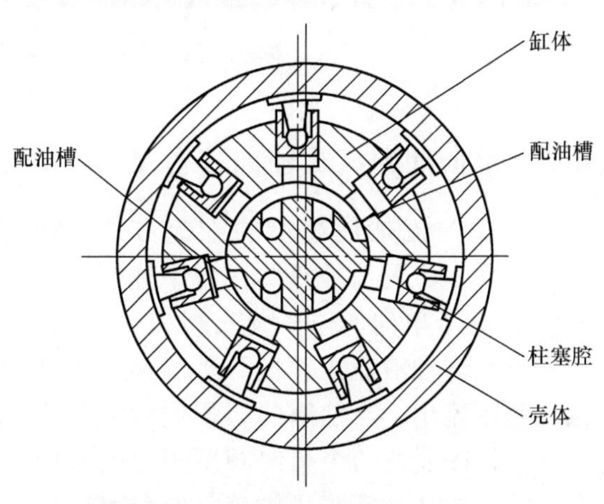

图2-17 轴配流式径向柱塞泵的配流原理

轴配流式结构主要用于缸转式径向柱塞泵，这是由于缸转式径向柱塞泵的柱塞腔是运动的，不易于通过单向阀实现配流。目前，采用轴配流式结构的比较成熟的径向柱塞泵产品有：德国 Wepuko PAHNKE 公司生产的 RX 系列径向柱塞泵以及美国 MOOG 公司生产的 RKP 系列径向柱塞泵（见图2-7）等。在轴配流式径向柱塞泵中，油口的开启和关闭由柱塞腔与配流轴的相对位置决定，油液流入和流出柱塞腔均不需要克服弹簧阻力，局部节流损失较小。但是，轴配流式径向柱塞泵配流部件的受力状态并不理想。首先，配流轴内部需加工多个轴向长孔，加工难度较高且在表面加工弧槽和在内部加工轴孔对轴的强度和刚度均有所削弱。其次，采用轴配流的缸转式径向柱塞泵为半轴结构，即一半为传动轴，另一半为静止的配流轴，转子支承结构复杂，且对制造和装配精度要求高。缸体与配流轴的配流接触面是一对滑动运动副，较大的缝隙可以使它们之间具有更小的摩擦阻力，但同时也会造成更大的泄漏，而较紧的配合，虽然可以减小泄漏，但同时也增大了滑动表面的摩擦力。图2-18所示是某型号径向柱塞泵配流轴铜衬套的磨损情况，在高 pv 值的相对运动状态下，配流副极易磨损、发热，极端情况下有发生胶合抱轴的风险。解决配流副间的润滑和密封这一对矛盾是轴配流式径向柱塞泵设计中的一个难题。

图2-18 配流轴与铜衬套磨损情况

2.4.2 单向阀配流式径向柱塞泵

单向阀配流是最简单的配流方式，如图2-19所示，其配流原理为：每个柱塞腔上都安装有两个单向阀——吸入阀和排出阀，吸入阀只允许油液流入腔内，排出阀只允许油液从腔体流出，当柱塞的容积周期性变化时，油液就按照这两个单向阀所规定的方向定向流动，即从油箱吸入油液，向负载输出油液。由于采用此种配流结构的径向柱塞泵不需要加工配流轴，制造工艺相对简单，且油液泄漏少，输出压力高，是目前最常用的配流方式。例如 Bosch Rexroth 公司的 PR4－1X 系列和PR4－3X系列、BieRi 公司的 BRK 系列、HRK 系列和 SRK 系列、HAWE 公司的 MPE、PE、R、RF、RG 系列以及 Atos 公司的 PFR 系列等许多知名液压设备制造厂商生产的多种系列的径向柱塞泵。其中 BieRi 公司生产的 BRK 系列径向柱塞泵的额定压力可以达到 100MPa，如图 2-10 所示，这样的压力等级是轴配流式径向柱塞泵难以达到的。

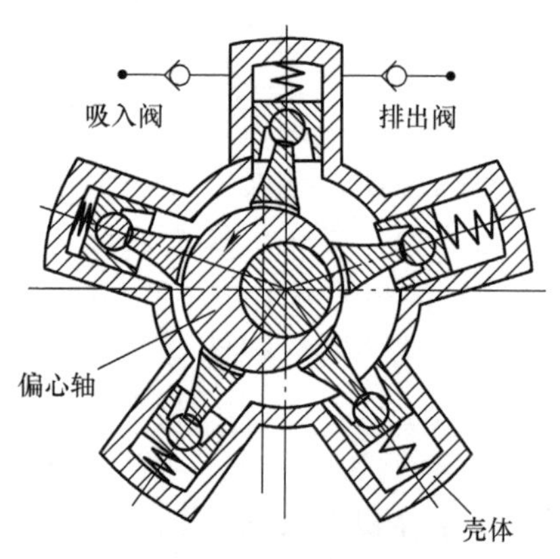

图 2-19 单向阀配流式径向柱塞泵工作原理示意图

不同的商用径向柱塞泵的单向阀构成方式有所不同，图 2-20 所示为一种高压径向柱塞泵采用的简单的球式单向阀的外形及内部结构，图 2-21 为某高压大排量径向柱塞泵采用的排油单向阀。Bosch Rexroth 公司的 PR4－1X 系列径向柱塞泵的吸入阀和排出阀分别为球式单向阀和薄片式单向阀（见图 2-22a），而 Hydrowatt 公司的 R 系列径向柱塞泵（见图 2-22b），其吸入阀和排出阀均采用薄片式单向阀。

2.4.3 新型配流方式

径向柱塞泵的配流本质上是通过一定的方式切换柱塞腔与进、出流道之间的连接关系，配流装置可近似看作是一个换向阀（因换向阀的某一工作位导通时，油

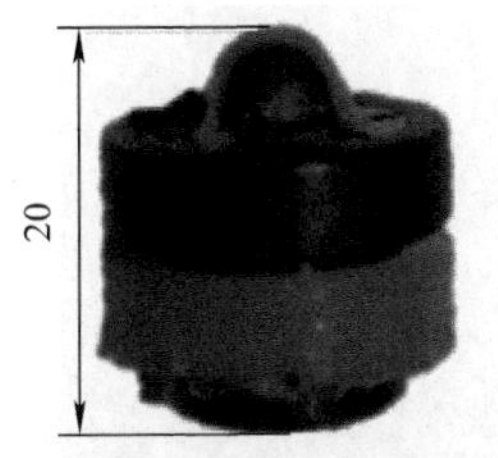

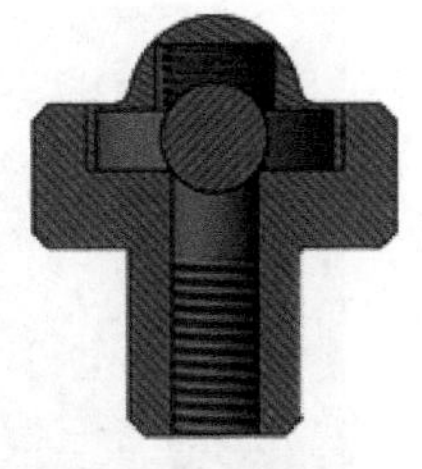

图2-20　一种高压径向柱塞泵用单向阀外形及其内部结构示意图

图2-21　某高压大排量径向柱塞泵所采用的排油单向阀

液可双向流动，而径向柱塞泵在主轴转向固定后，其某一流道连通时，油液只作单向流动，故径向柱塞泵的配流方式并不完全等同于换向阀）。因此，从工作原理上考虑，所有能够用于控制换向阀动作的方式均可用于径向柱塞泵的配流，例如：商用径向柱塞泵广泛采用的配流轴类似于转阀式换向阀，而单向阀本身就是一种方向控制阀，其柱塞腔内液体的流动方向取决于其与两端管路的压差。此外，换向阀所普遍采用的滑阀式阀芯结构及其电磁、机械和液力操纵方式在工作原理和机制上也有被用于为径向柱塞泵配流的可行性。不过，考虑到径向柱塞泵内部安装空间的限制以及其对配流切换相应速度的需求，目前仅有少数新型配流原理在实际中被实现。下面对其中较为典型的几种新型配流方式做简要介绍，包括：数字配流、端面配流、滑阀配流以及液控单向阀配流等。

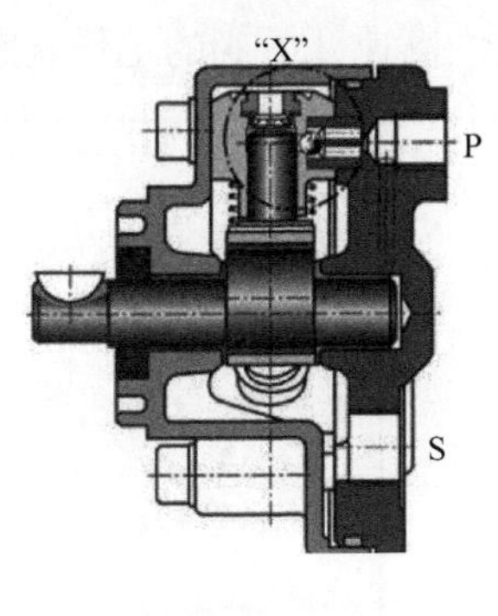

a)

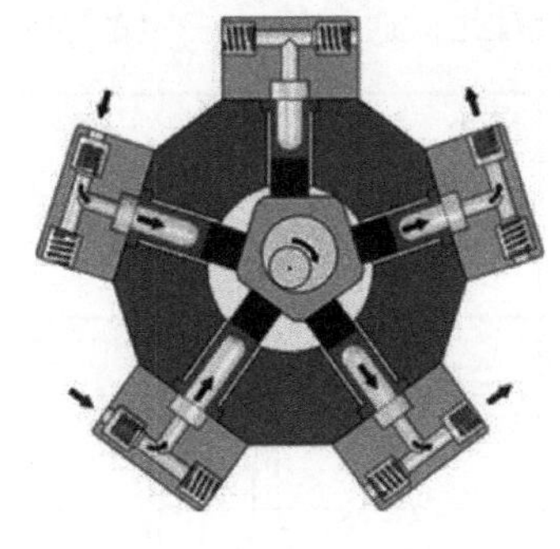

b)

图2-22　商用径向柱塞泵所采用的不同类型的单向阀

a）Bosch Rexroth 的 PR4－1X 径向柱塞泵　b）Hydrowatt 公司 R 系列径向柱塞泵

1. 数字式配流

数字式配流方法及采用数字信号控制配流的径向柱塞泵由英国苏格兰的 Artemis 公司（Artemis Intelligent Power Ltd）首先提出。Artemis 公司称其为数字排量泵（Digital Displacement Pump，DDP），意为泵的排量可以通过数字信号控制，而其控制泵排量的实质就是利用数字信号控制柱塞腔的配流过程。丹麦的 Danfoss 公司自 2018

年开始逐步收购 Artemis 公司并于 2021 年完成对该公司的全面收购。目前，Danfoss 公司已经生产出多款采用数字配流技术的径向柱塞泵（见图 2-23），并已经将其用于挖掘机等工程机械中。

图 2-23　Danfoss 公司的数字排量泵（数字配流）

数字式配流的基本工作原理如图 2-24所示[9]，柱塞运动由偏心轮驱动（见本书第 2.2.2 节），柱塞腔配流的核心部件为具有高频响特性的高速开关阀，高速开关阀的工作位由数字信号控制的电磁铁操纵，当电磁铁断电时，高速开关阀工作于导通状态；当电磁铁通电时，高速开关阀工作于单向阀状态。其工作过程叙述如下：当柱塞被抽出柱塞腔时，柱塞腔内压力降低，排油单向阀保持关闭，高速开关阀导通，油液经高速开关阀进入柱塞腔；当柱塞被压入柱塞腔时，若高速开关阀得电，则其工作于单向阀关闭状态，柱塞腔内油液无法向进油口流动，柱塞腔内压力升高，打开排油单向阀，向排油口流出。若高速开关阀断电，则柱塞腔内的油液直接经高速开关阀流回进油口，柱塞腔内无法建立高压，排油单向阀保持关闭。此时，柱塞腔处于“卸荷”状态，容积虽然被压缩但是不能产生有效流量，柱塞对偏心轮无转矩作用，传动轴负载相应降低，泵的工作功率也随之下降。因此，通过输入一定的控制信号，调制高速开关阀的工作状态，进而调

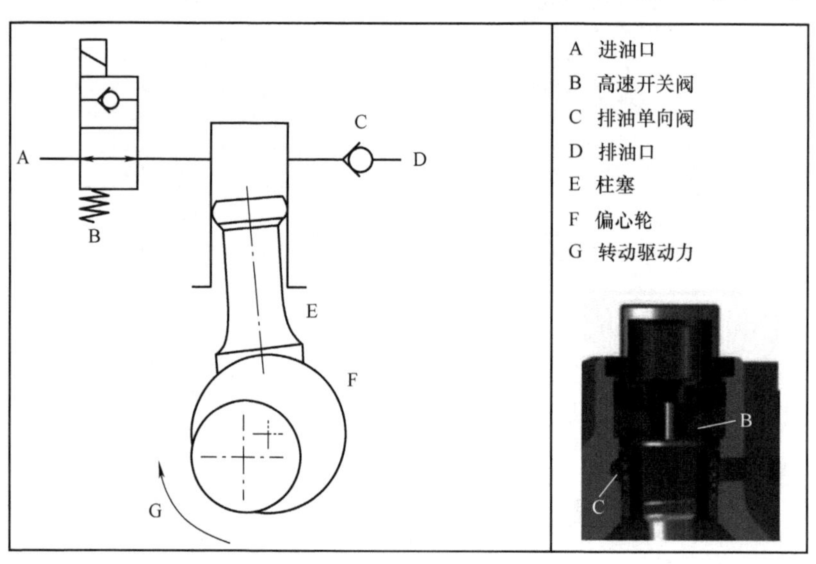

图 2-24　数字配流工作原理[9]

控柱塞腔排油阶段的配流过程，就能够实现对径向柱塞泵排量及其输出功率的调节。通过采用数字配流技术能够根据需求快速匹配液压系统功率，从源头减少液压能量损耗，由于高速开关阀响应速度快于轴向柱塞泵广泛采用的利用斜盘调节排量，因此能够获得更好的节能效果。

2. 端面配流

端面配流多用于轴向柱塞泵及径向柱塞液压马达中，如图 2-25 所示，柱塞腔在端面与配流盘滑动连接，当传动轴旋转驱动柱塞往复运动的同时，配流盘随传动轴转动，配流盘上开设有分别与吸油口和排油口连通的流道，从而使得柱塞腔与吸、排油口交替连通：当柱塞腔容积增大时，其与吸油口连通，从油箱吸入油液；当柱塞腔容积收缩时，其与排油口连通，向液压系统泵送油液。相较于轴配流结构，端面配流为通轴支撑，运转更平稳。此外，通过设置补偿机构，能够自动补偿配流副的磨损量，使其保持良好的润滑和密封状态，减缓因磨损导致的容积效率降低。

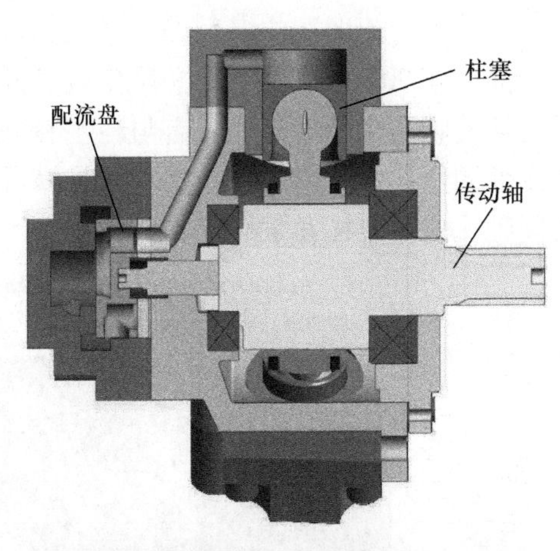

图 2-25　端面配流的工作原理
（某 JMDG 型商用径向柱塞液压马达模型）

3. 滑阀配流

如前所述，径向柱塞泵的配流机构本质上是发挥换向阀的功能，凡能用于换向阀的结构及其操纵方式，原则上均可用于径向柱塞泵的配流装置中。滑阀配流就是将行程操纵的滑阀的工作原理用于径向柱塞泵配流的实例之一。图 2-26 所示为某

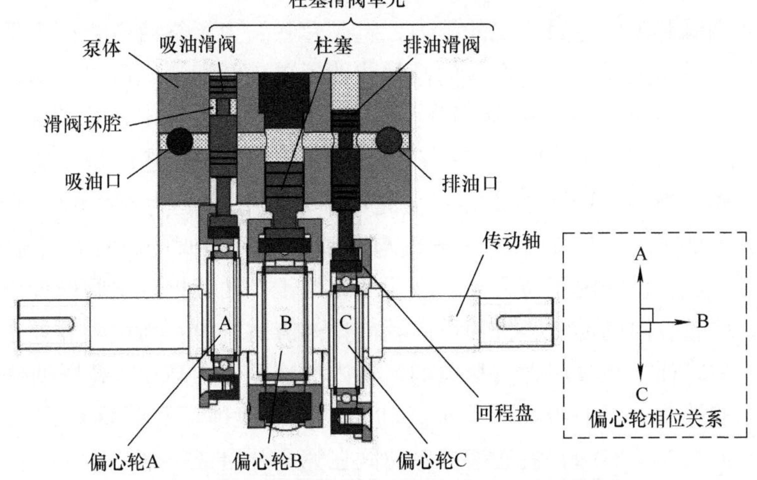

图 2-26　柱塞－滑阀配流单元的工作原理示意图

滑阀配流式径向柱塞泵的一组柱塞－滑阀配流单元，每个柱塞的两侧分别设置有一个吸油滑阀和一个排油滑阀，它们分别由三个并排安装在传动轴上的正多边形过渡套驱动，各自沿轴线按正弦规律做直线往复运动。由于柱塞的吸、排油工作状态由柱塞的运动速度决定，而滑阀阀口的开闭由阀芯与阀套的相对位置关系决定，又因为正弦运动的速度相位滞后其位移的相位 90°，因此，将吸油滑阀的位移相位设置为超前柱塞 90°，而柱塞的位移相位又超前排油滑阀 90°。通过设置上述相位差，就能够使吸油滑阀阀口的开启与柱塞腔的吸油同步，排油滑阀阀口的开启与柱塞腔的排油同步，二者配合工作实现对柱塞腔的配流。图 2-27 所示为本书作者研制的滑阀配流式径向柱塞泵样机。

图 2-27　滑阀配流径向柱塞泵实物照片

4. 液控单向阀配流

采用普通单向阀为柱塞腔配流时，阀口的开闭直接由主油路上的压差控制，液流顶开单向阀阀芯需要克服一定的阻力，且阀芯弹簧力始终由液流压力平衡，这将造成一定的能量损失。通过液控单向阀替代普通单向阀配流，可以将阀口的开启力从主油路中抽离，从而减少能量损失。液控单向阀配流的工作原理如图 2-28 所示[10]：柱塞腔（或图中所示的与柱塞腔压力同步变化的流道）与排油液控单向阀的液控口连通；与柱塞腔压力负相关变化的流道（柱塞腔为高压时，该流道为低压；柱塞腔为低压时，该流道为高压）与吸油液控单向阀的液控口连通。当柱塞腔处于排油阶段时，腔内压力升高，高压油作用于排油液控单向阀的控制口，使单向阀导通，柱塞腔内的油液经排油单向阀向排油流道流出；当柱塞腔处于吸油阶段时，腔内压力降低，与其压力负相关的流道内油液压力为高压，高压油作用于吸油液控单向阀的控制口，使吸油阀导通，油箱中的油液即可经吸油单向阀进入柱塞腔。由于排油液控单向阀和吸油液控单向阀在完全开启或完全关闭后，阀芯就不再动作，因此液控口不再有液流，液控油路不对外做功。另一方面，由于阀口的开启与主油路中的流动无关，因此，主油路中的液流无须克服单向阀开启阻力，从而能够降低阀口压力损失。此外，液控口的操纵力与主油路油液对主阀口的操纵力是同步的，当液控口或液控油路发生故障无法正常工作时，液控单向阀便退化为普通单向阀，仍可完成正常的配流动作，只不过此时阀口的开启力将由主流道中液流提供。

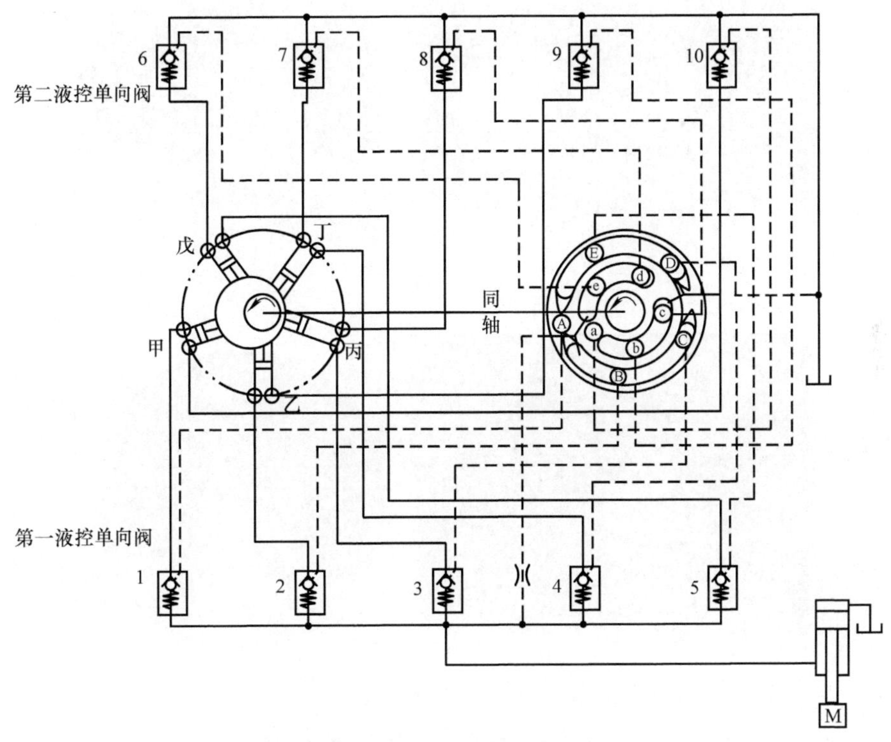

图2-28　液控单向阀配流的工作原理示意图

2.5　径向柱塞泵的配流压力冲击

径向柱塞泵的配流压力冲击发生在柱塞腔与高、低压流道连通状态的切换过程中。压力冲击会导致流量脉动、流体噪声和泵体振动的发生，是造成柱塞泵输出流量品质恶化、工作寿命缩短的重要原因之一[11]。如图2-29所示，在径向柱塞泵的工作过程中（轴向柱塞泵压力冲击产生机理与之类似），当柱塞通过其下死点位置时，柱塞腔从与低压的吸油口连接切换至与高压的排油口连接，柱塞腔内储存的具有与吸油口相同压力的油液，被排油流道中的高压油液压缩，体积变小，进而使得高压流道中的一部分油液补充进柱塞腔，形成瞬间的逆流；同理，当与柱塞腔连接的油口从高压的排油口切换至低压的吸油口时，柱塞腔内的高压油液会因释压而发生短暂的膨胀，使得一部分油液涌入吸油口，形成瞬间的倒灌。上述两类逆流均会造成柱塞泵容积效率的损失，且其中发生在柱塞腔排油开始阶段的逆流还会在总输出流量中引起一个瞬间的波谷，这是造成泵的输出流量波动的主要原因之一。

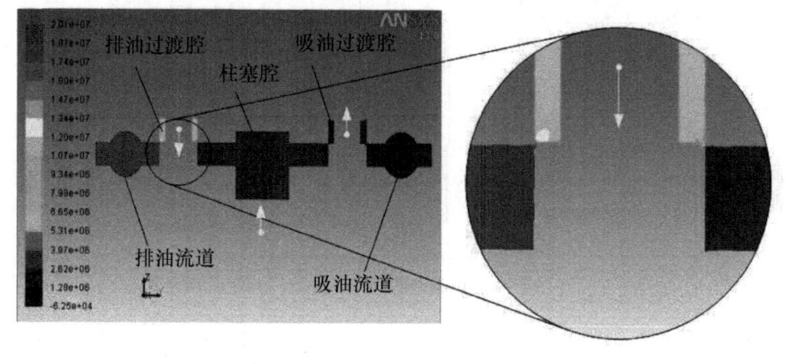

a)

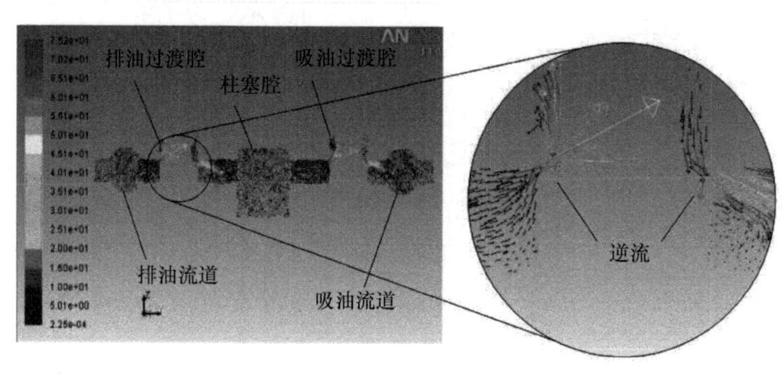

b)

图 2-29　滑阀配流径向柱塞泵配流切换过程中的压力冲击及其引起的瞬时逆流

a）压力瞬态云图　b）液流瞬态云图

2.5.1　柱塞泵常用的降低配流压力冲击的方法

目前对降低柱塞泵流量波动方法的研究多基于轴向柱塞泵开展。主要的方法有四类[12]，如图 2-30 所示，下面对它们的工作原理分别进行简述。

配流盘配流延迟法（见图 2-30a）是最早被提出的方法之一：通过在配流盘上设置一定的延迟角，使得在柱塞通过下死点之后，柱塞腔不是立即与高压油口接通，而是经过一定的延迟之后再与其接通[13]。在此延迟过程中，柱塞对柱塞腔内的油液进行了一定程度的压缩，使其压力升高，通过设置适当的延迟角，可以使柱塞腔在与高压油口接通时，其内部压力升至与负载压力相当的水平，从而缓解压力冲击，减小由压力冲击引起的逆流。

预升压槽（Relief groove，也称减振槽）法（见图 2-30b）也是一种被广泛应用的方法，其原理是通过在配流盘的排油口前沿开设一定的沟槽，使得柱塞腔与高压油口不是在一瞬间接通，而是先通过具有一定液阻的预升压槽与其连通，而后再直接接通[14]。预升压槽的使用延长并缓和了柱塞腔与排油口的连通过程，在此过程中，柱塞腔内的压力被逐渐提高至与排油口压力相当的水平，从而降低了排油过程中的压力冲击和流量波动。

预压缩滤波容积法（Pre－compression filter volume）（见图 2-30c）用另一种方法来缩小柱塞腔与排油口连通时的压差，不同于在排油口的前沿设置沟槽，该方法的原理是在排油口之前开设一个阻尼孔，且该阻尼孔与一个容腔相连，即预压缩滤波容积，该容积内储存的油液的压力在前一个工作周期被提升至与排油流道压力相当的水平[15]。柱塞腔与排油口连通之前，先与预压缩滤波容积接通，该容积内的高压油流入柱塞腔使其压力升高，从而缩小了柱塞腔与排油口接通时的压差，进而减小逆流。当柱塞腔与排油口连通后，预压缩滤波容积通过柱塞腔与高压流道连通，其内部的油液压力被重新提升至高压，为下一个工作周期做准备。

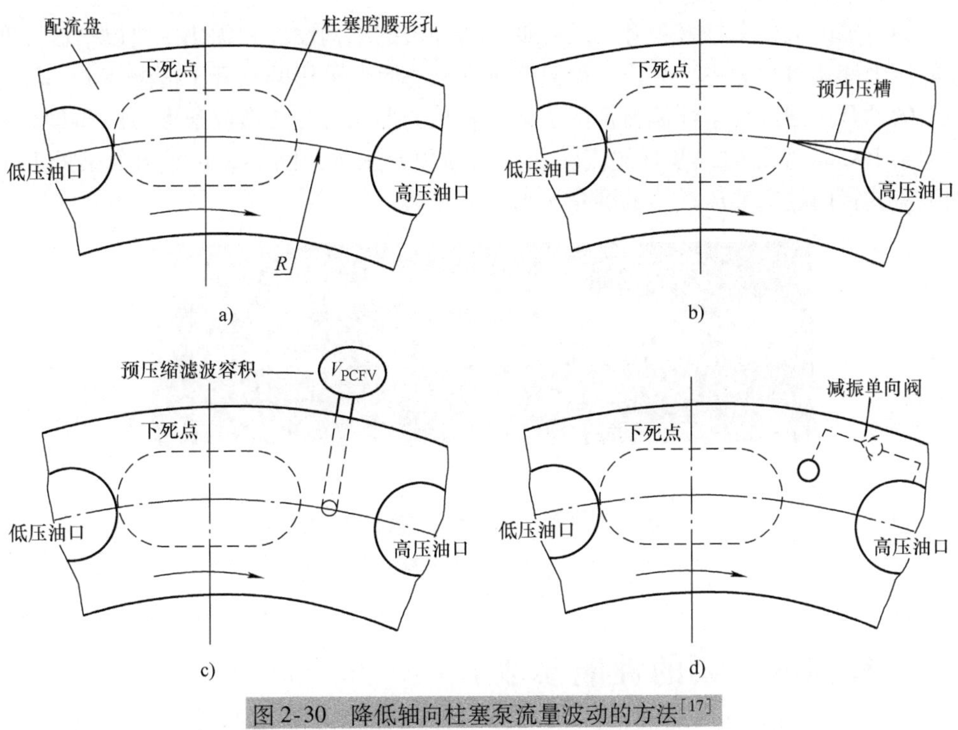

图 2-30　降低轴向柱塞泵流量波动的方法[17]

a）配流盘配流延迟法　b）预升压槽法　c）预压缩滤波容积法　d）减振单向阀法

减振单向阀法（Check valve）（见图 2-30d）可以看作是配流延迟法的一个改进，该方法将一个单向阀设置在配流盘的延迟角范围内，单向阀的进口面向缸体，出口与排油口连接。当柱塞腔的压力在延迟角范围内的压缩过程中超过了排油口的压力时，单向阀即可打开，使油液溢流入排油流道。通过使用减振单向阀，避免了柱塞腔发生困油，防止了在配油延迟阶段柱塞腔内部压力过高，扩大了柱塞泵的适用压力范围[13]。减振单向阀还有一种改进的形式——高阻尼减振单向阀（Heavily damped check valve）[16]，该新技术的使用进一步地扩大了减振单向阀法适用的压力范围。

2.5.2 径向柱塞泵降低配流压力冲击结构设计

径向柱塞泵配流压力冲击产生的机理及其降低方法与配流结构密切相关。如 2.4 节所述，现有商用径向柱塞泵采用的主流配流方法是单向阀配流和轴配流。

由于单向阀配流的阀口开度由阀口两端压差控制，具有一定的柔性，能够在一定程度上自动适配压力切换过程，且柔性的阀口难以通过改进结构上的设计调节其开启过程，此外现有单向阀配流径向柱塞泵大多为小排量、低功率泵，其压力冲击给系统带来的噪声和振动问题并不突出，因此，针对单向阀配流所开展的降低压力冲击的研究和结构优化较少。

针对轴配流径向柱塞泵开展的降低压力冲击的结构设计和优化主要以平缓柱塞腔的压力变化过程为主，其设计思路与轴向柱塞泵所采用的预升压槽法类似。配流轴上的预升压槽设置于配流弧槽的前缘，常见的形状为三角形或条形。图 2-31a 所示为某 RX500 型径向柱塞泵配流轴的三角形预升压槽，图 2-31b 所示为某外五星轴配流式径向柱塞液压马达的圆角条形预升压槽。

a)　　　　b)

图 2-31　配流轴上开设的预升压槽

a）三角槽　b）圆角条形槽

2.6 径向柱塞泵的性能参数

径向柱塞泵的性能参数主要包括压力、排量、流量、功率和效率等，国家标准《流体传动系统及元件　词汇》（现行标准号：GB/T 17446—2012）和 ISO 5598—2008 标准《Fluid power systems and components – Vocabulary》（ISO 5598 最新版本为 2020 版）对液压元件和系统各类参数的名称及其定义做出了规定。国家标准

《液压泵、马达和整体传动装置　稳态性能的试验及表达方法》（现行标准号：GB/T 17491—2011）参考 ISO 4409—2007 标准《Hydraulic fluid power – Positive – displacement pumps, motors and integral transmissions – Methods of testing and presenting basic steady state performance》（ISO 4409 最新版本为2019 版）对液压泵静态参数符号和测试方法做出了规定。本节相关内容参照上述标准，结合径向柱塞泵特点分别介绍其压力、排量、流量、转速、功率和效率的概念及相关理论。

本节所采用的基本符号及其单位参照国家标准 GB/T 17491—2011，为方便表达，做了一定调整，见表2-1。

表 2-1　基本符号及其单位

参数	量纲	国标符号	国标单位	本书符号	本书单位
压力	$ML^{-1}T^{-2}$	p	Pa	p	MPa
排量	L^3	V	m^3r^{-1}	V	mL
转速	T^{-1}	n	s^{-1}	n	r/min
体积流量	L^3T^{-1}	q_V	m^3s^{-1}	q	L/min
转矩	ML^2T^{-2}	T	N · m	T	N · m
功率	ML^2T^{-3}	P	W	P	kW
效率	—	η	—	η	—

2.6.1　压力

压力是液压泵最重要的参数之一，在多数情况下能够直接决定液压泵的适用场合。柱塞泵因其具有良好的密封性，工作压力较其他类型的液压泵更高。额定压力范围一般在 16MPa 以上。表 2-2 列出了径向柱塞泵常用的公称压力系列。压力值节选自国家标准《流体传动系统及元件　公称压力系列》（现行标准号：GB/T 2346—2003）。压力系列中的数值按照国家标准《优先数和优先数系》（现行标准号：GB/T 321—2005）的规定选取。

表 2-2　径向柱塞泵常用的公称压力系列[18,19]

优先选用压力系列/MPa	16	20	25	31.5	40	50	63	80	100	125	160
非优先选用压力系列/MPa	—	—	—	—	35	45	—	—	—	—	—

1. 工作压力（Working pressure）

工作压力是指液压泵工作时出口处的输出压力。工作压力取决于液压泵外接总负载（工作负载和排油管路中压力损失）的大小，与液压泵的流量无直接关系，但在某些控制方式（例如恒流量控制、恒功率控制等）中可在控制机构的调节下随流量而变化[20]。

2. 额定压力（Rated pressure）

额定压力是指在正常工作条件下，按照试验标准规定，能够使液压泵连续运转达到足够的使用寿命的压力[21]。额定压力通常标注在液压泵的铭牌上，因此也称“铭牌压力”。

3. 最高工作压力（Maximum working pressure）

最高工作压力是指根据试验标准规定，允许超过额定压力使液压泵短暂稳定运行的最高压力。

4. 压力脉动（Pressure pulsation）

液压泵工作时压力周期性变化，如图 2-32 所示。

5. 压力变动（Pressure fluctuation）

液压泵工作的压力随时间不受控制的变化。

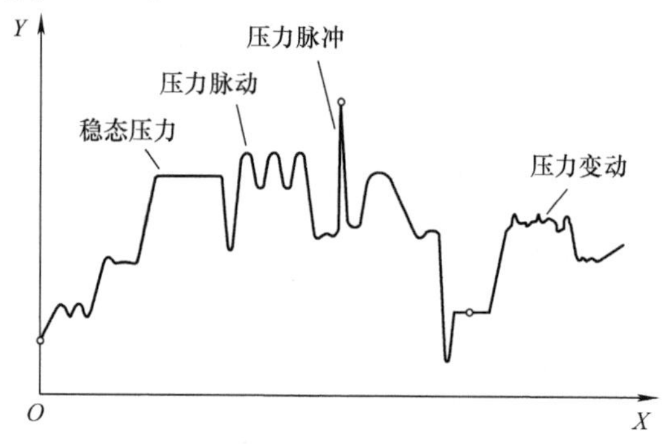

图 2-32　有关压力的术语图解[22]

6. 压力波动（Pressure ripple）

压力波动也是液压泵工作过程中压力的变化，但特指由流量波动源于系统的相互作用所引起的油液压力的变动分量。降低液压泵的压力波动是液压泵设计中的关键问题和热点问题之一。

2.6.2　排量

排量（Displacement）是指径向柱塞泵转子旋转一周所排出液体的体积，它是划分同类型径向液压泵的不同规格的重要参数。径向柱塞泵根据其排量是否可变而分为定量泵和变量泵。

1. 几何排量（Geometric displacement）

几何排量是指不考虑公差、间隙或变形，用几何方法计算出的泵的排量[21]。几何排量又称理论排量，它不受油液性质、工作条件或柱塞泵制造精度的影响，其计算公式如下：

$$V = A2ez = \frac{\pi}{2}d^2 ez \tag{2-39}$$

式中　A——柱塞横截面积；

e——偏心距；

z——柱塞数；

d——柱塞直径。

2. 有效排量（Effective displacement）

几何排量是径向柱塞本理论上所能实现的最大排量。而在实际的工作场合中，液压泵需要克服一定的负载才能向外排出油液，负载压力将导致泵内零件配合间隙处的泄漏，使得泵的实际排量低于几何排量，因此需要采用不同的概念加以区分。有效排量是指在一定的工况下，液压泵所能实现的实际排量。显然，液压泵的出口与进口的压差越高，其有效排量越小。

3. 导出排量（Derived displacement）

导出排量是指根据在规定工况下的测量结果所计算出的排量[21]。其中“规定工况”是指不同的测试目的和测试方法所规定的工况。径向柱塞泵的导出排量是指空载导出排量。国际标准《Hydraulic fluid power－Positive displacement pumps and motors－Determination of derived capacity》（ISO 8426：2008）以及参考 ISO 8426 制订的国家标准《液压泵和马达 空载排量测定方法》（现行标准号：GB/T 7936—2012）规定：泵的空载导出排量是指泵的出口与进口的压差为零时每转所排出液体的体积。由于实际测试中难以做到进出口压差为零，因此，该值通常由泵在规定的试验条件下，用在不同的出口压力下的测量数据通过进一步的推导得出，因此称为导出排量。

目前，上述标准均规定采用截距法根据试验结果推算泵的空载导出排量，具体方法为：

1）构建图 2-33 或图 2-34 所示的试验回路。

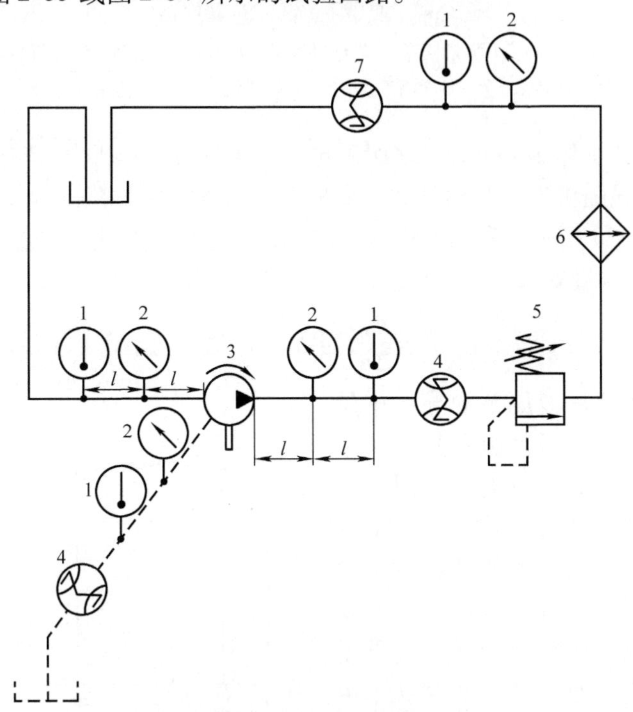

图 2-33　液压泵的开式试验回路

1—温度测量仪　2—压力测量仪　3—被试泵　4—累积式流量仪　5—压力控制阀
6—温度调节仪　7—累积式流量仪（可选择位置）

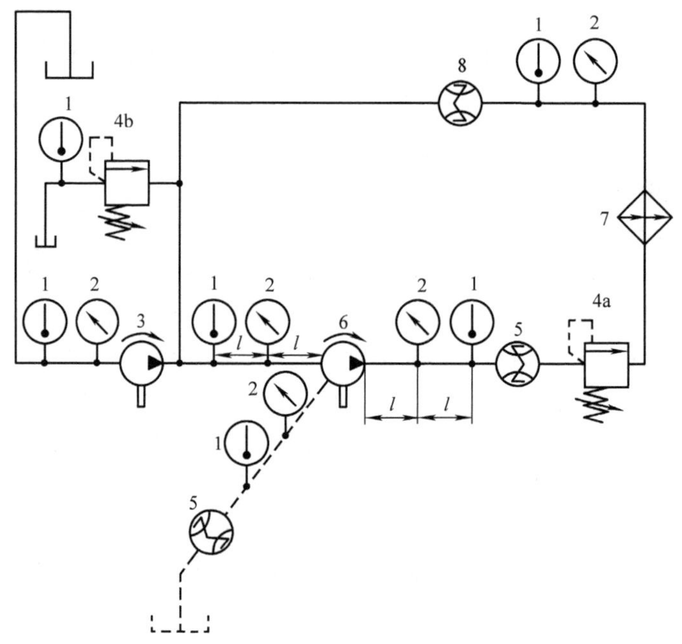

图 2-34 液压泵的闭式试验回路

1—温度测量仪 2—压力测量仪 3—增压补油泵 4—压力控制阀 5—累积式流量仪 6—被试泵 7—温度调节仪 8—累积式流量仪（可选择位置）

2）在不同的工作压力下开展多组测试，记录试验工作压力、转速和流量。

3）消除明显随机误差，用最小二乘法建立在规定压力范围内 q 与 p 的最佳线性关系，如图 2-35 所示。利用特性曲线（直线）上的零压力（压差）截距计算液压泵的空载导出排量 V_i。

$$V_i = \frac{q_0}{\Delta p}, \text{当 } \Delta p = 0 \text{ 时} \tag{2-40}$$

采用截距法计算液压泵的导出排量步骤简单、易操作，但是由于其测试结果受工作压力、转速的影响，不同条件下所得的空载导出排量差异可达 8% ~ 10%，导致这种方法所得的计算结果的可用性存在局限。随着液压泵技术的发展，在很多情况下研究者和技术人员需要得到更为精确的导出排量。1970 年由德国工程师 Toet 提出的更为精确的测算方法受到学者们的注意。Toet 的计算方法分为两步：第一步，在记录不同压差

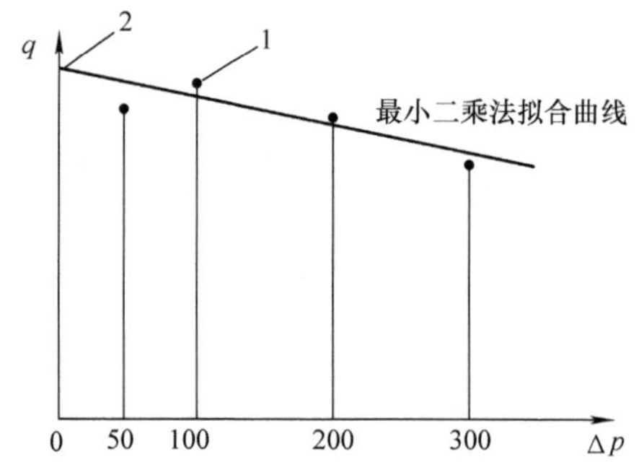

图 2-35 采用截距法推算泵的空载导出排量

1—不同 Δp 下的流量 2—推导出的 $\Delta p = 0$ 时的流量

下泵的有效流量，按照压差分组拟合出有效流量关于转速的变化斜率（Slope），该斜率实际上就是在当前压差下的有效排量，如图 2-36 所示；然后，利用所得的多组有效排量数值，通过线性拟合法求取零压差下的截距作为泵的导出排量，如图 2-37所示[23]。Toet 的方法计算步骤相对更加繁琐，但在计算过程中消去了转速的影响，其结果的精度大大提高了。Toet 法的可用性和精度越来越受到学者的认可，被认为是对现行 ISO 8426（2008 年修订）方法的一种很好的补充，目前 ISO 相应的工作组正在开展将 Toet 的方法纳入 ISO 8426 的评估工作[23-26]。

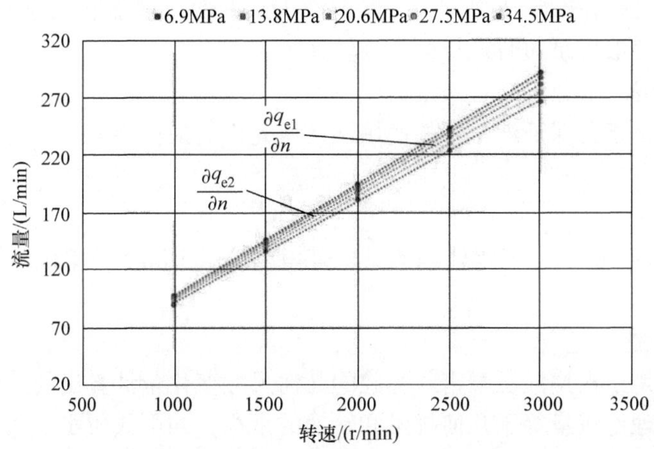

图 2-36　计算不同压力（压差）下的有效排量关于转速变化的斜率[23]

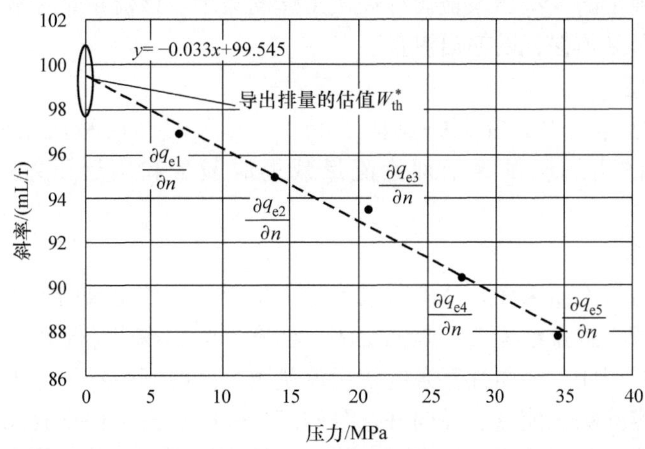

图 2-37　利用不同压力下的斜率（有效排量）推算空载导出排量[23]

2.6.3　转速

转速（Rotational frequency，Shaft Speed）是指柱塞泵的主轴每分钟输入的转动圈数。径向柱塞泵的径向尺寸较大，转子旋转时轴承需承受更高的径向载荷，因此相较于轴向柱塞泵，径向柱塞泵的转速更低，转速范围通常在 1000 ~ 2000r/min。

1. 额定转速

额定转速（公称转速）是指在额定压力下，能使液压泵长时间连续正常运转的最高转速。

2. 最高转速

最高转速是指在额定压力下，为保证液压泵的使用性能和工作寿命所允许的、超过额定转速使液压泵短暂运行的最高转速。

3. 最低转速

最低转速是指为保证液压泵的使用性能所允许的最低转速。

2.6.4 流量

流量（Flow rate）一般指体积流量，是指在规定工况下，单位时间穿过流道横截面的流体体积。

1. 理论流量

理论流量是指根据液压泵密封容腔的几何尺寸变化量计算出的单位时间内排出液体的体积。理论流量等于几何排量和转速的乘积，如下式所示。

$$q = Vn \tag{2-41}$$

2. 额定流量（Rated flow）

通过试验确定的，液压泵被设计以次工作的流量。该流量是在额定压力、额定转速下，液压泵必须保证的输出流量。

3. 实际流量

液压泵实际运行时，在某一具体工况下，单位时间内液压泵所排出液体的体积。液压泵的实际流量等于理论流量减去泄漏量和由于压差造成的流量损失量。

4. 瞬时流量

瞬时流量是指液压泵在某一瞬时的流量。由于径向柱塞泵内各个柱塞都是间断地向外排出油液，且排液速度不是恒定的，柱塞泵的总输出流量由各个柱塞的输出流量叠加而成，因此，径向柱塞泵的输出流量也是随时间变动的。瞬时流量包括理论瞬时流量和实际瞬时流量。径向柱塞泵的理论瞬时流量可根据其几何结构和输入转速计算得出。以正多边形过渡套驱动式径向柱塞泵为例，由于其内部柱塞按正弦规律运动，因此单个柱塞腔的输出流量曲线也为正弦曲线，泵在一个排油周期内的总输出流量可用正弦函数的求和式表示，如下式：

$$q_{\text{total}}(\theta) = Ae\omega \sum_{i=1}^{z_{\text{out}}} \sin\theta_i \tag{2-42}$$

式中　θ——传动轴转角；

$q_{\text{total}}(\theta)$——径向柱塞泵的流量瞬时流量；

A——柱塞横截面积；

e——偏心距；

ω——传动轴的角速度；

z——柱塞数；

z_{out}——处于排油状态的柱塞数；

θ_i——第 i 号柱塞的转角，$\theta_i=\theta+2(i-1)\pi/z$。

1）当柱塞数 z 为偶数时，$z_{\text{out}}=z/2$，则式（2-42）可化简为

$$q_{\text{total}}(\theta) = Ae\omega\sum_{i=1}^{z/2}\sin[\theta+2(i-1)\alpha] \tag{2-43}$$

其中，$\alpha=\pi/z$，进一步可化简为：

$$q_{\text{total}}(\theta)=Ae\omega\frac{\cos(\alpha-\theta)}{\sin\alpha} \tag{2-44}$$

偶数柱塞的正多边形过渡套驱动式径向柱塞泵的瞬时流量曲线如图 2-38a 所示。

2）当柱塞数 z 为奇数时，在径向柱塞泵的一个排油周期内（转过角度为 $2\alpha=2\pi/z$）的前半段和后半段，同时排液的柱塞数是变动的，因此需要分别考虑：

在前半段，即转角 θ 从 0 增加到 α，$z_{\text{out}}=(z+1)/2$，则式（2-42）等号右端的求和式可写为

$$\sum_{i=1}^{z_{\text{out}}}\sin\theta_i = \sin\theta+\sin(\theta+2\alpha)+\cdots+\sin[\theta+(z-1)\alpha] \tag{2-45}$$

利用图解法[20]，式（2-45）可化简为

$$\sum_{i=1}^{z_{\text{out}}}\sin\theta_i = Ae\omega\frac{\cos\left(\dfrac{\alpha}{2}-\theta\right)}{2\sin\dfrac{\alpha}{2}} \tag{2-46}$$

同理，在后半段，即转角 θ 从 α 增加到 2α，$z_{\text{out}}=(z-1)/2$，则式（2-42）等号右端的求和式可写为

$$\sum_{i=1}^{z_{\text{out}}}\sin\theta_i = \sin\theta+\sin(\theta+2\alpha)+\cdots+\sin[\theta+(z-3)\alpha] \tag{2-47}$$

利用图解法[22]，式（2-47）可化简为

$$\sum_{i=1}^{z_{\text{out}}}\sin\theta_i = Ae\omega\frac{\cos\left(\dfrac{3\alpha}{2}-\theta\right)}{2\sin\dfrac{\alpha}{2}} \tag{2-48}$$

奇数柱塞的正多边形过渡套驱动式径向柱塞泵的瞬时流量曲线如图 2-38b 所示。

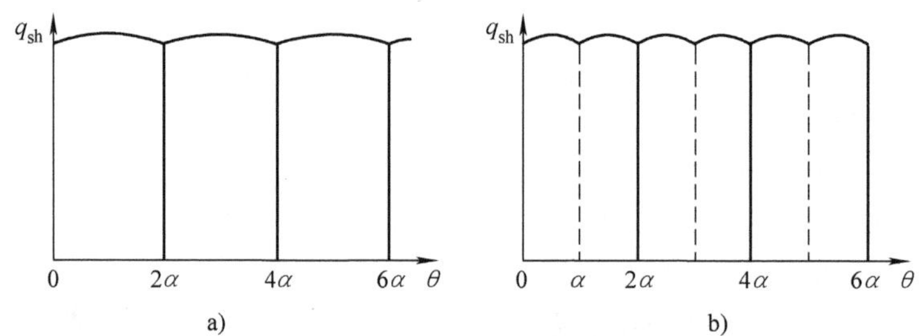

图 2-38　正多边形过渡套驱动式径向柱塞泵的理论瞬时流量曲线

a）偶数柱塞　b）奇数柱塞

5. 流量波动（Flow ripple）

流量波动是指液压泵输出流量中的变动。径向柱塞泵的理论瞬时流量（见图 2-38）和实际流量中均存在波动。径向柱塞泵输出流量中的波动越小，其在下游管路引起冲击和振动的风险越低，输出流量的品质越高。通常可用流量不均匀系数 δ_q 衡量径向柱塞泵的输出流量品质，δ_q 的定义式为

$$\delta_q = \frac{q_{\text{shmax}} - q_{\text{shmin}}}{q_t} \tag{2-49}$$

式中　δ_q——流量不均匀系数；

q_{shmax}——瞬时流量最大值；

q_{shmin}——瞬时流量最小值；

q_t——理论平均流量。

径向柱塞泵理论流量瞬时流量的最大值和最小值可由式（2-42）计算得出，进而可求出不同柱塞数的径向柱塞泵的理论流量不均匀系数。以正多边形过渡套驱动式径向柱塞泵为例，利用式（2-44）和式（2-49）可得到偶数柱塞泵的流量不均匀系数计算式为：

$$\delta_q = \frac{\pi}{z}\tan\frac{\pi}{2z} \tag{2-50}$$

同理，利用式（2-46）和式（2-48）和式（2-49）可得到奇数柱塞泵的流量不均匀系数计算式

$$\delta_q = \frac{\pi}{2z}\tan\frac{\pi}{4z} \tag{2-51}$$

表 2-3 列出了不同柱塞数径向柱塞泵的理论瞬时流量波动率。由此表可见，奇数柱塞泵和偶数柱塞泵的流量不均匀系数均随柱塞数的增多而减小，且奇数柱塞泵的流量不均匀系数明显小于相近柱塞数的偶数柱塞泵，因此大多数商用径向柱塞泵均采用单列 5、7、9 个柱塞的设计，部分小排量超高压径向柱塞泵采用 3 个以下柱塞的设计，如图 2-39 所示[1]。

表 2-3 不同柱塞数径向柱塞泵的理论瞬时流量波动率

z	奇数					偶数			
	5	7	9	11	13	6	8	10	12
δ_q(%)	4.98	2.53	1.53	1.02	0.73	14.03	7.8	4.98	3.45

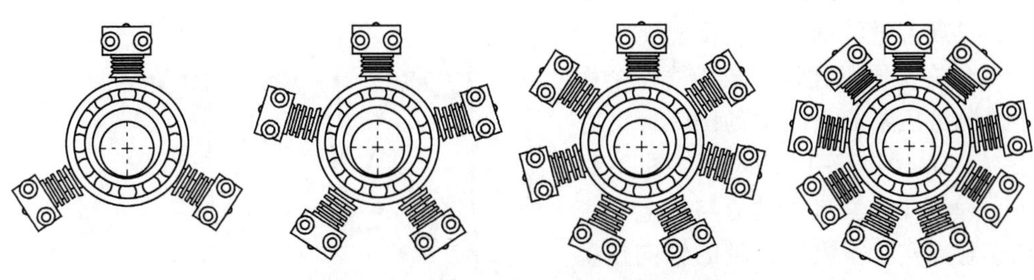

图 2-39 径向柱塞泵柱塞布置示意图[1]

液压泵实际输出流量中的波动成因复杂、波动幅度大，是液压系统的振动和噪声的主要来源之一。监测和降低液压泵输出流量中的波动是液压泵研究领域学者关注的热点问题之一。由于液压泵的流量波动频率较高，可达 1kHz 或更高，而常规流量计的响应速度相对较慢，只能测试 300Hz 以下的流量脉动[3]，因此无法完整捕捉液压泵输出流量中的瞬时冲击。图 2-40 所示为正多边形过渡套驱动滑阀配流径向柱塞泵样机的理论流量波动、直接利用流量计采集到的实际流量波动曲线和压力变送器所采集到的压力波动曲线，可以看出流量曲线中丢失了本应与压力波动对应变化的高频流量冲击。

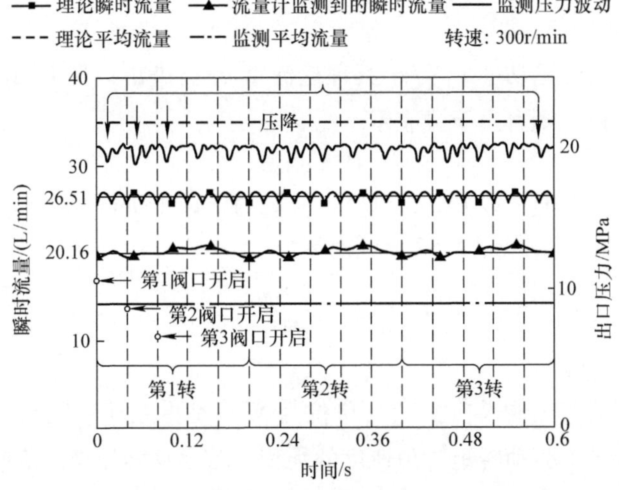

图 2-40 正多边形过渡套驱动滑阀配流径向柱塞泵流量波动

为了研究液压泵输出流量的高频波动特性，学者们提出了多种通过监测压力波动间接测试流量脉动的方法[27]，其中，受关注较多的方法之一是“二次源法”(Secondary source method)，该方法由英国 Bath 大学的 Edge 教授团队提出，其原理是引入阻抗可调的“二次源”，通过测量参考管道中的压力波动，推导被测泵的泵源阻抗及高频流量波动[28]。该方法能够实现流量波动的高精度测试，于 1996 年在英国的建议下成为第一个用于检测液压泵流量波动的国际标准方法（ISO 10767－1：1996），图 2-41 所示为浙江大学流体动力与机电系统国家重点实验室测试得到的轴向柱塞泵的流量波动曲线。但是，由于“二次源法”的数据采集和处理较为复杂，应用难度较高，因此，除英国外，没有其他国家将该方法采纳为本国标准，使得 ISO 10767 国际标准的应用价值大大降低。2015 年，ISO 修订了该标准，放弃了“二次源法”，转而采纳由 Weddfelt 和 Kojima 分别于 1991 年和 1992 年提出的方法利用压力波动直接测试泵的输出流量的波动特性[29]。

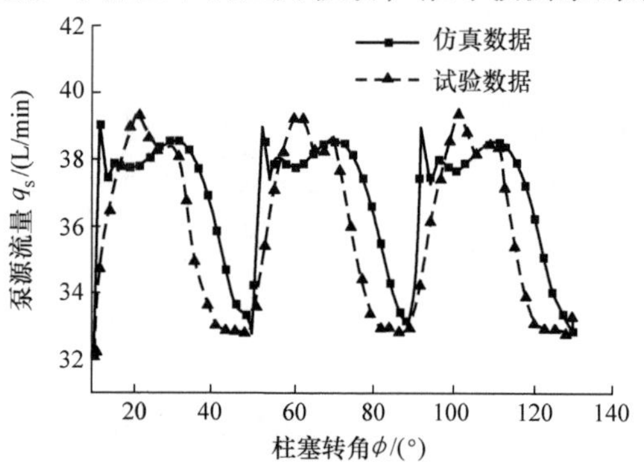

图 2-41 浙江大学团队测试的轴向柱塞泵的流量波动曲线[30]

2.6.5 功率

径向柱塞泵输入能量的形式是机械能，以传动轴输入的转矩和转速表示；输出能量形式是液压能，以压力和流量表示。

1. 理论功率

径向柱塞泵的理论功率 P_t 等于其理论流量 q_t 与进出口压差 Δp 的乘积，若各量均采用国际单位，则可由下式表示

$$P_t = q_t \Delta p \tag{2-52}$$

在工程中，功率通常以 kW 为单位，流量通常以 L/min 为单位，压力（压差）通常以 MPa 为单位，则式（2-52）可换算为

$$P_t = \frac{q_t \Delta p}{60} \tag{2-53}$$

2. 实际输入功率

径向柱塞泵的实际输入功率 P_i（单位为 W）是指驱动液压泵工作实际输入的机械能的功率，等于驱动转矩与角速度的乘积。若驱动转矩 T，角速度 ω 和转速 n 分别以 N · m、rad/s 和 r/min 为单位，则其关系可用下式表示：

$$P_i = T\omega = \frac{2\pi T n}{60} \tag{2-54}$$

3. 实际输出功率

径向柱塞泵的实际输出功率 P_o（单位为 kW）是指液压泵实际输出液压液所承载的压力能，等于实际输出流量与进出口压差的乘积。若输出流量 q_o 和进出口压差 Δp 分别以 L/min 和 MPa 为单位，则其关系可用下式表示：

$$P_o = \frac{q_o \Delta p}{60} \tag{2-55}$$

2.6.6 容积效率

液压泵的容积效率（Pump volumetric efficiency）η_V 是指在规定条件下泵的实际输出流量 q_o 与空载排量和主轴转速乘积之比[31]。国家标准《液压泵、马达和整体传动装置　稳态性能的试验及表达方法》（现行标准号：GB/T 17491—2011）和国际标准 ISO 4409 规定了液压泵容积效率的测试方法。容积效率可由下式计算：

$$\eta_V = \frac{q_o}{V_i n} = \frac{q_o}{q_t} = \frac{q_t - \Delta q}{q_t} = 1 - \frac{\Delta q}{q_t} \tag{2-56}$$

式中 Δq 是液压泵的容积损失，产生容积损失的原因主要包括泄漏、介质压缩和空化。其中，泄漏是最主要的因素，在高压工况下或开展精确理论分析时，则需要同时考虑介质压缩和空化的影响。如图 2-42 所示，西安建筑科技大学团队开展的研究显示：其测试的轴向柱塞泵中的在高压工况下，油液压缩导致的容积效率损失约占总容积效率损失的 10% ~40%[32]。

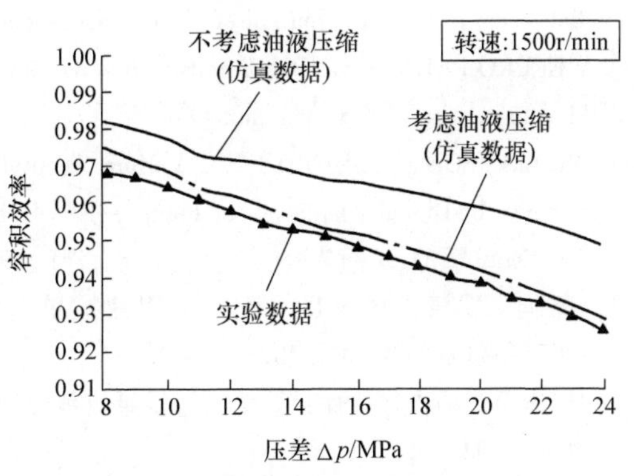

图 2-42　油液压缩导致的容积效率损失[32]

参考文献

[1] Bieri Hydraulik AG. Radial piston pumps cylindric shaft [EB/OL]. (2021-10-15) [2021-11-30]. https://www.bierihydraulics.com.

[2] Poclain Hydraulics Industrie SAS. Radial Piston Pump [EB/OL]. (2018-01-02) [2021-10-26]. https://www.poclain-hydraulics.com.

[3] HYDROWATT AG. High Pressure Radial Piston Pumps [EB/OL]. (2021-06-28) [2021-10-28]. http://www.hydrowatt.com.

[4] GUO T, ZHAO S, HAN X, et al. Research on the rotational inertia of radial piston pump and the optimization method of the pump parameters: 2014 11th IEEE International Conference on Control & Automation (ICCA), June 18-20 [C]. Taichung: IEEE, 2014, 410-415.

[5] 杨国来，董季澄，曹文斌，等．双配流盘径向柱塞泵定子内曲线特性分析 [J]. 兰州理工大学学报，2020，46 (02)：41-47.

[6] 裘信国．端面配流径向柱塞式液压泵特性的研究 [D]. 杭州：浙江工业大学，2009.

[7] GUO T, ZHAO S, YU Y, et al. Design and theoretical analysis of a sliding valve distribution radial piston pump [J]. Journal of Mechanical Science and Technology, 2016, 30 (1): 327-335.

[8] WEPUKO PAHNKE GMBH. Pumps with variable flow rate [EB/OL]. (2021-05-26) [2021-11-30]. https://www.wepuko.de.

[9] WILLIAMSON C, MANRING N. A More Accurate Definition of Mechanical and Volumetric Efficiencies for Digital Displacement Pumps: ASME/BATH 2019 Symposium on Fluid Power and Motion Control, October 7-9 [C]. Sarasota, FL, the United States: ASME, 2019.

[10] 郭桐，罗涛，林添良，等．采用液控单向阀配流的径向柱塞液压装置及工作方法：202110436942.4 [P]. 2021-4-22.

[11] 杨华勇，马吉恩，徐兵．轴向柱塞泵流体噪声的研究现状 [J]. 机械工程学报，2009，45 (08)：71-79.

[12] GUO T, ZHAO S, LIU C. Study on flow characteristics and flow ripple reduction schemes of spool valves distributed radial piston pump [J]. Proceedings of the Institution of Mechanical Engineers Part C-Journal of Mechanical Engineering Science, 2017, 231 (12): 2291-2301.

[13] HELGESTAD B O, FOSTER K, BANNISTER F K. Pressure transients in an axial piston hydraulic pump [J]. ARCHIVE Proceedings of the Institution of Mechanical Engineers, 1974, 188 (17/74): 189-199.

[14] MANRING N D. Valve-Plate Design for an Axial Piston Pump Operating at Low Displacements [J]. Journal of Mechanical Design, 2003, 125 (1): 200-207.

[15] XU B, SONG Y, YANG H. Pre-compression volume on flow ripple reduction of a piston pump [J]. Chinese Journal of Mechanical Engineering, 2013, 26 (6): 1259-1266.

[16] HARRISON A M, EDGE K A. Reduction of axial piston pump pressure ripple [J]. Proceedings of the Institution of Mechanical Engineers Part I: Journal of Systems and Control Engineering, 2000, 214 (1): 53-63.

[17] SEENIRAJ G K. Model based optimization of axial piston machines focusing on noise and efficiency

[D]. Indiana：Purdue University，2009.

[18] 全国液压气动标准化技术委员会．流体传动系统及元件　公称压力系列：GB/T 2346—2003［S］. 北京：中国标准出版社，2004.

[19] International Organization for Standardization. Fluid power systems and components – Nominal pressures：ISO 2944：2000［S］. Geneva：International Organization for Standardization，2000 – 03.

[20] 李壮云．液压元件与系统［M］. 3 版．北京：机械工业出版社，2011.

[21] 全国液压气动标准化技术委员会．流体传动系统及元件　词汇：GB/T 17446—2012［S］. 北京：中国标准出版社，2013.

[22] International Organization for Standardization. Fluid power systems and components – Vocabulary：ISO 5598：2020［S］. Geneva：International Organization for Standardization，2020 – 01.

[23] TOET G，JOHNSON J，MONTAGUE J P，et al. The Determination of the Theoretical Stroke Volume of Hydrostatic Positive Displacement Pumps and Motors from Volumetric Measurements［J］. Energies，2019，12（3）：1 – 15.

[24] POST W J A E M. Models for steady – state performance of hydraulic pumps：Determination of displacement：Proceedings of the 9th Bath International Fluid Power Workshop，September 9 – 11［C］. Bath：University of Bath，1996，9 – 11.

[25] KIM T，KALBFLEISCH P，IVANTYSYNOVA M. The effect of cross porting on derived displacement volume［J］. International Journal of Fluid Power，2014，15（2）：77 – 85.

[26] TOET G. Die Bestimmung des theoretischen Hubvolumens von hydrostatischen Verdrängerpumpen und – Motoren aus volumetrischen Messungen［J］. Oelhydraulik und Pneumatik，1970，14（5）：185 – 190.

[27] 徐兵，宋月超，杨华勇．复杂出口管道柱塞泵流量脉动测试原理［J］. 机械工程学报，2012，48（22）：162 – 167，176.

[28] EDGE K A，JOHNSTON D N. The ‘Secondary Source’ Method for the Measurement of Pump Pressure Ripple Characteristics Part 1：Description of Method［J］. Proceedings of the Institution of Mechanical Engineers，Part A：Journal of Power and Energy，1990，204（1）：33 – 40.

[29] International Organization for Standardization. Hydraulic fluid power – Determination of pressure ripple levels generated in systems and components – Part 1：Method for determining source flow ripple and source impedance of pumps：ISO 10767 – 1：2015［S］. Geneva：International Organization for Standardization，2015 – 10.

[30] XU B，HU M，ZHANG J. Impact of typical steady – state conditions and transient conditions on flow ripple and its test accuracy for axial piston pump［J］. Chinese Journal of Mechanical Engineering，2015，28（5）：1012 – 1022.

[31] 全国液压气动标准化技术委员会．液压泵、马达和整体传动装置　稳态性能的试验及表达方法：GB/T 17491—2011［S］. 北京：中国标准出版社，2012.

[32] 焦龙飞，谷立臣，许睿，等．油液压缩性影响柱塞泵容积效率的机理分析［J］. 机械科学与技术，2017，36（05）：704 – 710.

第3章

径向柱塞泵的基本结构设计

径向柱塞泵的基本结构包括：柱塞副、回程机构、传动轴、轴承、壳体以及泵内流道等，它们的参数决定了泵的基本性能，因此在结构设计时，应以保证输出流量性能、部件的运动和动力学性能为依据，并综合考虑可靠性、制造工艺性和成本等开展综合设计计算和校核。此外，径向柱塞泵内的密封方式对泵的输出特性也具有重要影响，这部分将在第4章中阐述。径向柱塞泵按照所采用的传动方式和配流方式的不同可以形成多种具体的结构形式，本章主要介绍径向柱塞泵的共性基本结构的设计要点和方法，并举例说明，为读者提供参考。

3.1 柱塞副的设计

3.1.1 柱塞结构及特点

柱塞副是径向柱塞泵中最重要的部件之一，它的结构及其参数将直接影响径向柱塞泵的输出特性。图3-1所示为球窝式柱塞的典型结构示意图。柱塞内设有球窝，该球窝与滑靴上的球头组成球铰连接，实现柱塞与偏心轮或偏心定子间动力的传递。美国MOOG公司生产的RKP系列缸转式变量径向柱塞泵以及我国太原科技大学研制的电液比例负载敏感径向柱塞泵[1]均采用此类柱塞结构。

图3-1中各尺寸标号列于表3-1，其中柱塞外径与柱塞腔内径配合，柱塞外径尺寸公差应为负偏差，柱塞腔内径尺寸公差为正偏差。为了保证柱塞运动的平顺性和满足使用寿命要求，柱塞表面粗糙度应不高于1.6μm，尺寸公差和形状位置公差一般不低于7级。

低转速大排量径向柱塞泵的大直径柱塞上还设有用于安装导向环和密封圈的沟槽。柱塞尺寸配合等级相同时，柱塞的直径越大，其泄漏量越高，通过采用填料密封，可以大大减少泄漏，有利于提高容积效率。但是，在高转速径向柱塞泵中，由于柱塞往复运动的线速度较快，若采用密封圈密封，则柱塞摩擦副将具有很高的

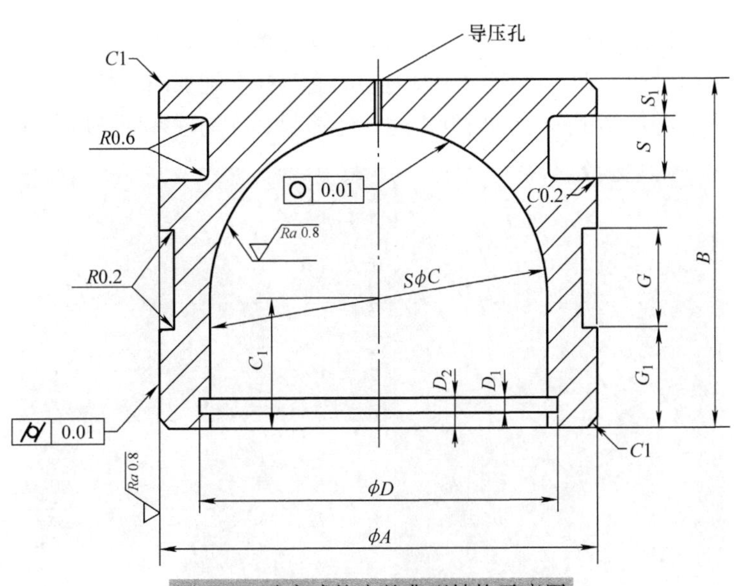

图 3-1　球窝式柱塞的典型结构示意图

pv 值，导致密封圈剧烈磨损，使得密封效果难以长期维持，因此一般通过提高柱塞与柱塞孔的配合精度减少泄漏，双边配合间隙通常小于 0. 1mm。

表 3-1　柱塞尺寸参数对照表（图 3-1）

序号	标号	参数名称	说　明
1	*A*	柱塞外径	尺寸公差负偏差，要求圆柱度和表面粗糙度
2	*B*	柱塞高	满足导向和密封要求
3	*C*	柱塞球窝直径	尺寸公差正偏差，要求圆度和表面粗糙度
4	C_1	球窝中心高度	满足连杆运动幅度要求
5	*D*	球头卡簧槽径	可配合复合材料球托使用，卡簧安装尺寸参考 GB/T 893—2017
6	D_1	球头卡簧槽径	
7	D_2	球头卡簧位置	
8	*G*	导向环尺寸	低速高压柱塞泵采用密封圈密封；高速柱塞泵则无密封圈，而采用间隙密封
9	G_1	导向环安装位置	
10	*S*	密封圈尺寸	
11	S_1	密封圈位置	

图 3-2 所示为典型商用径向柱塞机（泵、马达）组件结构，其中图 3-2a 为 Wepuko PAHNKE 公司 RX500 径向柱塞泵的柱塞，该泵额定转速为 1500r/min，柱塞副不采用填料密封。柱塞表面及旋转缸体内孔均具有较低的表面粗糙度，以提高密封和润滑效果。该柱塞长径比较大，其表面加工有多个均压环槽，其作用是利用环槽内储存的压力油液辅助保持柱塞与缸孔的对中。当柱塞倾斜时，均压槽周向压力分布将

不再保持均匀，间隙缩小一侧的压力将增大，间隙增大一侧的压力将减小。如图 3-3 所示，柱塞逆时针倾斜时，上部均压槽内的油液对柱塞施加向右的合力，下部柱塞施加向左的合力，它们组成一个顺时针力矩，能够起到辅助柱塞回正的作用。

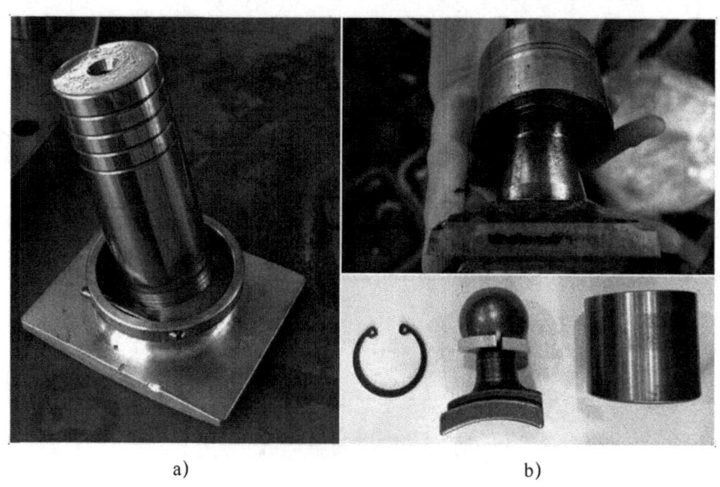

a)　　　　b)

图 3-2　径向柱塞组件结构

a）RX500 径向柱塞泵的柱塞　b）曲轴连杆式低速大转矩马达的柱塞

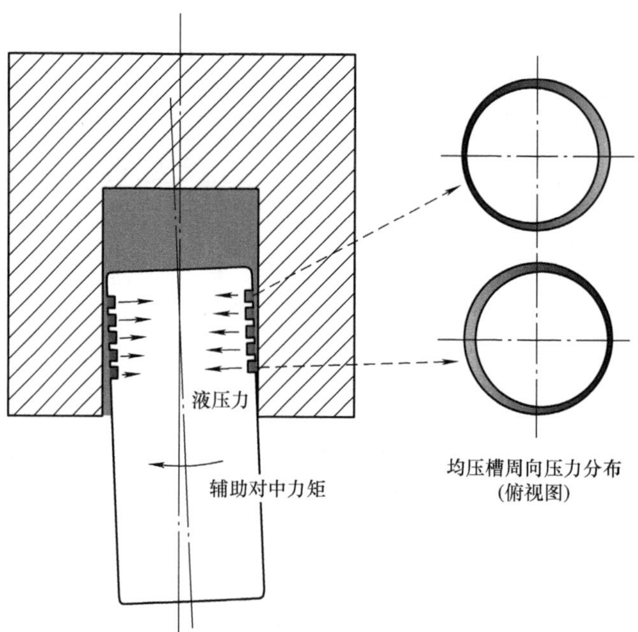

图 3-3　均压槽压力分布及辅助柱塞对中示意图

3.1.2 柱塞直径计算和选取

径向柱塞泵的柱塞数（z）、直径（d）和行程（$2e$）决定了泵的理论排量。根据本书2.6.4节的分析，为了降低径向柱塞泵的理论流量脉动，柱塞数应选为奇数，常用的单排柱塞数为3、5、7、9。基本尺寸参数按$R10$系列优先数系选取[2]，利用式（2-39）可得到不同参数组合下的单个柱塞的理论排量，列于表3-2。可见，为了获得相近的排量，可采用多种参数组合，表中用黑色方框标出了单柱塞排量为0.5mL/r和10mL/r的参数组合。为优化柱塞的运动和动力学性能，柱塞的直径与行程的比值不宜过大或过小，过小的比值将导致柱塞具有较大的长径比，不利于柱塞的加工和运动的平稳性；过大的比值将使得柱塞具有较长的泄漏长度，不利于提高容积效率，且由于行程较短，柱塞长度也相对较短（若加长柱塞长度则材料利用率低），不利于导向。因此，宜选取表中非阴影部分的参数组合。

表3-2 常用范围内的径向柱塞泵参数组合下的排量（V） （mL/r）

e/mm	d/mm											
	4	5	6.3	8	10	12.5	16	20	25	31.5	40	50
1	0.03	0.04	0.06	0.10	0.16	0.25	0.40	0.63	0.98	1.56	2.51	3.93
1.25	0.03	0.05	0.08	0.13	0.20	0.31	0.50	0.79	1.23	1.95	3.14	4.91
1.6	0.04	0.06	0.10	0.16	0.25	0.39	0.64	1.01	1.57	2.49	4.02	6.28
2	0.05	0.08	0.12	0.20	0.31	0.49	0.80	1.26	1.96	3.12	5.03	7.85
2.5	0.06	0.10	0.16	0.25	0.39	0.61	1.01	1.57	2.45	3.90	6.28	9.82
3.15	0.08	0.12	0.20	0.32	0.49	0.77	1.27	1.98	3.09	4.91	7.92	12.37
4	0.10	0.16	0.25	0.40	0.63	0.98	1.61	2.51	3.93	6.23	10.05	15.71
5	0.13	0.20	0.31	0.50	0.79	1.23	2.01	3.14	4.91	7.79	12.57	19.64
6.3	0.16	0.25	0.39	0.63	0.99	1.55	2.53	3.96	6.19	9.82	15.83	24.74
8	0.20	0.31	0.50	0.80	1.26	1.96	3.22	5.03	7.85	12.47	20.11	31.42
10	0.25	0.39	0.62	1.01	1.57	2.45	4.02	6.28	9.82	15.59	25.13	39.27
12.5	0.31	0.49	0.78	1.26	1.96	3.07	5.03	7.85	12.27	19.48	31.42	49.09
16	0.40	0.63	1.00	1.61	2.51	3.93	6.43	10.05	15.71	24.94	40.21	62.83
20	0.50	0.79	1.25	2.01	3.14	4.91	8.04	12.57	19.64	31.17	50.27	78.54
25	0.63	0.98	1.56	2.51	3.93	6.14	10.05	15.71	24.54	38.97	62.83	98.18

利用式（2-43）可得不同排量和转速下径向柱塞泵的理论流量，见表3-3。

利用式（2-53）可得不同流量和工作压力下径向柱塞泵的理论功率，见表3-4。

表 3-3 泵在不同转速下的流量（q）速查表 （L/min）

n/(r/min)	V/(mL/r)							
	10	16	25	40	63	100	160	250
750	7.5	12	18.75	30	47.25	75	120	187.5
1000	10	16	25	40	63	100	160	250
1500	15	24	37.5	60	94.5	150	240	375

表 3-4 泵在不同压力和流量下的功率（P）速查表 （kW）

p/MPa	q/(L/min)							
	10	16	25	40	63	100	160	250
16	2.7	4.3	6.7	10.7	16.8	26.7	42.7	66.7
20	3.3	5.3	8.3	13.3	21.0	33.3	53.3	83.3
25	4.2	6.7	10.4	16.7	26.3	41.7	66.7	104.2
31.5	5.3	8.4	13.1	21.0	33.1	52.5	84.0	131.3
40	6.7	10.7	16.7	26.7	42.0	66.7	106.7	166.7
50	8.3	13.3	20.8	33.3	52.5	83.3	133.3	208.3
63	10.5	16.8	26.3	42.0	66.2	105.0	168.0	262.5
80	13.3	21.3	33.3	53.3	84.0	133.3	213.3	333.3
100	16.7	26.7	41.7	66.7	105.0	166.7	266.7	416.7

3.1.3 柱塞滑靴设计

径向柱塞泵工作时，柱塞与定子内壁（缸转式径向柱塞泵）或与偏心轮（凸轮驱动式径向柱塞泵）间具有较高的正压力和相对运动速度，在高 pv 值作用下摩擦面间易发生严重的摩擦和磨损，一方面降低径向柱塞泵的使用寿命，另一方面也会降低泵的机械效率。通常采用在柱塞头部安装滑靴的方法改善柱塞与定子或偏心轮间的摩擦状态。如图 3-4 所示的球头连杆式滑靴结构示意图，球头与柱塞内部的球窝铰接可自由转动，滑靴开设有导压孔和阻尼孔，与柱塞上的导压孔连

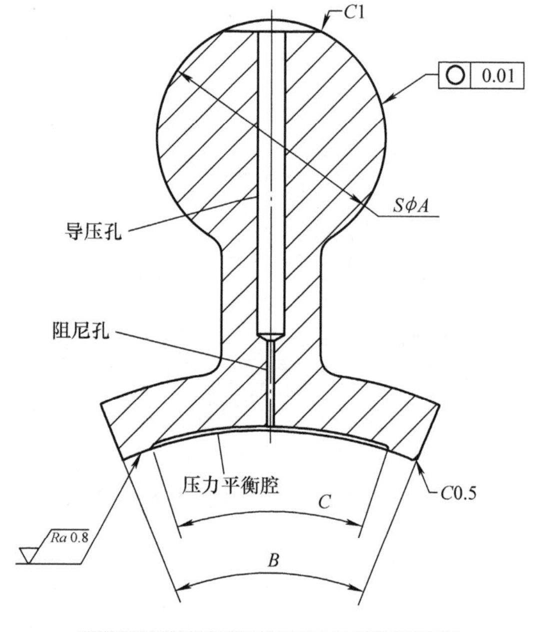

图 3-4 球头连杆式滑靴结构示意图

通。滑靴底部与偏心轮（凸轮驱动式径向柱塞泵）或定子内壁面（缸转式径向柱塞泵）保持面接触，且滑靴底部开设有与导压孔、阻尼孔连通的油室。滑靴能够从三个方面发挥作用：①滑靴与柱塞之间铰接，能够随着传动轴的旋转而自适应摆动，使柱塞始终处于良好的受力状态；②滑靴底面积较大，能够降低支承表面的压应力；③滑靴底部油室通过导压孔和阻尼孔与柱塞腔连通，当柱塞腔排油时，其内部也充满高压油液，能够起到静压支承作用，抵消一部分柱塞腔内油液的液压力，从而减小滑靴与其接触面间的正压力，降低摩擦磨损。

图3-4中球头直径 $S\phi A$ 与柱塞球窝配合，公差为负偏差，为了使球铰转动灵活，球头表面粗糙度宜不高于1.6μm，尺寸公差和形状位置公差不低于7级。尺寸 B 为滑靴底面跨度，跨度越大表面接触应力越小，但在设计中应注意防止相邻柱塞在工作时滑靴底部发生运动干涉。尺寸 C 决定了压力平衡腔的面积，该参数应根据静力支承设计需求计算，压力平衡腔面积过小，则其抵消柱塞腔压力的能力较弱，而过大的平衡腔面积则可能导致滑靴副泄漏量的增加。为了减少滑靴副的泄漏，静压平衡腔与柱塞腔的连接油路中设有阻尼孔，当泄漏量较少时，阻尼孔两端压降也较小，柱塞腔内的压力能够传导至滑靴底面，当流量增大时，阻尼孔的液阻效果增强，能够起到限制泄漏加剧的作用。

图3-5所示为缸转式径向柱塞泵和径向柱塞液压马达的滑靴底部结构，滑靴底部设有圆周封闭的密封带，密封带在滑靴底部划分出一个封闭的油室，油室通过中心通油孔与柱塞腔连通，将高压油引入油室，油室面积与柱塞面积大致相当。滑靴摩擦副是径向柱塞泵中最重要的摩擦副之一，摩擦副的配对材料对改善其润滑和耐磨性具有重要影响[3,4]。配对摩擦副材料通常选用“一软一硬”的组合，由于柱塞、定子、偏心轮等结构件一般由高硬度的钢材料制造，因此，滑靴一般采用硬度相对较低的青铜、黄铜等材料制造。图3-5a所示为Wepuko PAHNKE公司RX500径向柱塞泵所采用的黄铜滑靴；图3-5b所示为曲轴连杆式径向柱塞液压马达滑靴，其采用钢作为基体，密封带为铜。

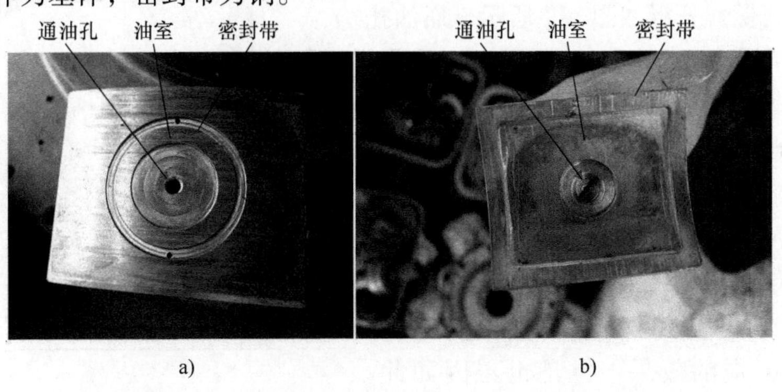

图3-5　缸转式径向柱塞泵和径向柱塞液压马达滑靴底部结构

a）RX500径向柱塞泵的黄铜滑靴　b）曲轴连杆式径向柱塞液压马达的滑靴

径向柱塞泵的滑靴摩擦副通常为弧面，滑靴底部腔室多采用较为简单的结构，为保证足够的机械支承强度，滑靴密封带一般设计得较宽。斜盘式轴向柱塞泵的滑靴底面为平面，平面摩擦副更易实现接触面的良好配合。图 3-6 所示为几种轴向柱塞泵的滑靴静压平衡油室结构，由此图可以看出，轴向柱塞泵滑靴的密封带可采用窄带设计，这样的好处是利于实现闭合的密封线，提高静压支承能力。为了防止密封带被压溃或产生过量形变，油室内外可分别设置内外辅助支承弧段，起到机械辅助支承的作用。

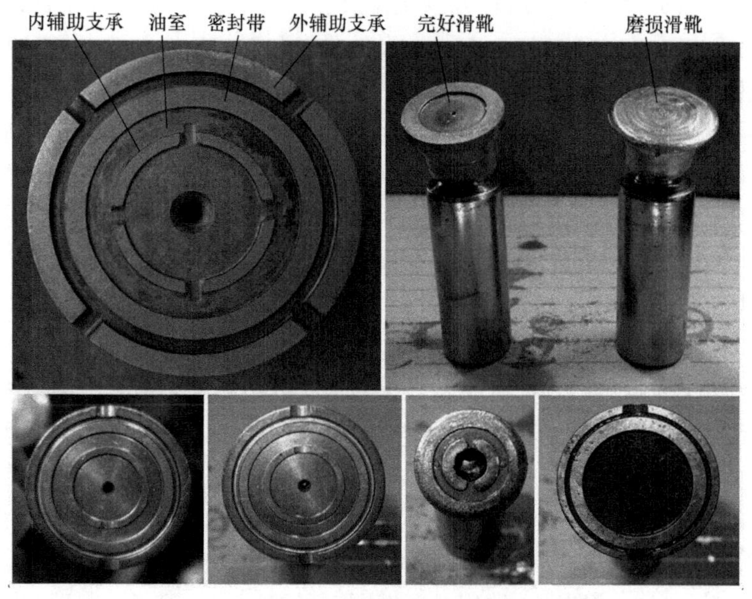

图 3-6　轴向柱塞泵的滑靴静压平衡油室结构

轴向柱塞泵的滑靴一般采用静压平衡法设计，其受力分析如图 3-7 所示，通油孔将柱塞腔内的高压油引入滑靴底部油室，产生对滑靴的静压支承力，该支承力与柱塞所受来自柱塞腔内油液的压力同步变化，能够实现液压力的自平衡。密封带底面与滑动表面间并非完全接触，而是形成极薄的油膜，使得这对摩擦副在柱塞运动时处于流体润滑或混合润滑状态，能够起到降低摩擦和磨损的效果，但是也正因如此，在该油膜间隙处存在一定的泄漏。滑靴底部的静压支承力由油室压力和密封带的油

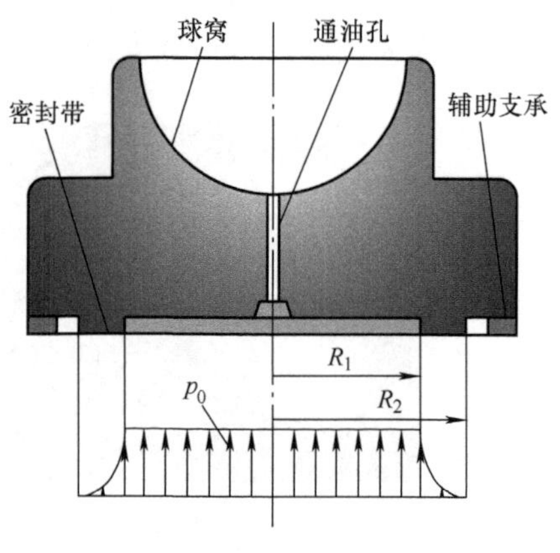

图 3-7　轴向柱塞泵的滑靴受力分析

膜压力两部分组成[5]，即

$$F_0 = F_1 + F_2 = \pi R_1^2 p_0 + \int_{R_1}^{R_2} p \cdot 2\pi r \mathrm{d}r \tag{3-1}$$

式中 F_0——滑靴底部的总静压支承力（N）；
F_1——滑靴油室的静压支承力（N）；
F_2——滑靴密封带的静压支承力（N）；
R_1、R_2——滑靴密封带内、外半径（m）；
p_0——油室压力（MPa）；
r——密封带任意处的半径（m）；
p——半径为 r 处的油液压力（MPa）。

假定密封带处油膜等厚，泄漏量 q_1保持恒定，且不考虑油液压缩，根据环形平行平板间隙泄漏流量公式可得：

$$q_1 = \frac{\pi h^3}{6\mu \ln(R_2/R_1)} p_0 \tag{3-2}$$

式中 q_1——密封带油膜泄漏流量（L/min）；
h——密封带油膜厚度（m）；
μ——油液的动力黏度（Pa · s）。

半径 R_1处，油液压力为 p_0，半径 R_2 处油液压力为零。

由于滑靴底部压力连续变化，且不同半径处的总流量处处相等，以任意半径 r 及其油液压力 p 取代式（3-2）中的 R_1和 p_0 可得：

$$q_1 = \frac{\pi h^3}{6\mu \ln(R_2/r)} p \tag{3-3}$$

由式（3-2）和式（3-3）可解出：

$$p = p_0 \frac{\ln(R_2/r)}{\ln(R_2/R_1)} \tag{3-4}$$

将式（3-4）代入式（3-1）可得滑靴底部的总静压支承力公式：

$$F_0 = \frac{\pi(R_2^2 - R_1^2)}{2\ln(R_2/R_1)} p_0 \tag{3-5}$$

设 F_N 为柱塞所受到的合压紧力，该压紧力由液压力、回程力和柱塞壁面摩擦力等组成。当液压力 $F_0 = F_N$时，柱塞压紧力完全由液压力平衡，称为“完全平衡静压支承”，此时滑靴与相对滑动表面间的正压力为零，处于理想的滑动状态。但是在柱塞泵工作过程中，该状态难以保持稳定。其原因之一是：虽然柱塞底部油室压力能够随柱塞腔负载压力的变化而变化，能够实现液压自适应调节，但柱塞所受摩擦力和回程力等外力的变化情况与负载压力不同步，因此，静压支撑力不能与压紧力完全抵消；另一个原因是：当由于某些原因使 $F_0 > F_N$的情况出现时，滑靴将在油液压力的作用下与滑动表面分离，滑靴副将产生大量泄漏。当泄漏发生时，滑靴油室压力会迅速下降至小于 F_N，滑靴又将在力差下重新压紧摩擦面，“升压→脱离→泄漏→降压→压紧”的过程循环出现可能引发滑靴的振动，使泵的工作状态更加不稳定。

现有柱塞泵商用产品的滑靴一般采用“不完全平衡静压支承”的设计，即 $F_0 < F_N$。在此种滑靴副中，油液压力用于抵消大部分压紧力（90%以上），剩余压紧力（$F_N - F_0$）由接触面间的正压力克服。相较于“完全平衡静压支承”，欠平衡状态下，滑靴副的摩擦损失增大，机械效率降低，但摩擦副表面仍存在较薄的润滑油膜能够使泵保持较高的总效率和工作平稳性。

3.1.4 柱塞回程机构设计

1. 回程机构的作用及分类

柱塞的一个往复运动周期中包括柱塞压入柱塞腔（排油阶段）和抽出柱塞腔（吸油阶段）两个阶段。在排油阶段，柱塞的径向运动由偏心轮、正多边形过渡套或偏心定子推动，柱塞腔内产生高压，在油液压力的作用下，柱塞与驱动面能够始终保持贴紧。在吸油阶段，柱塞需从柱塞腔中抽出，即做回程运动。柱塞腔内的负载压力消失，柱塞腔与驱动面间有相互脱离的趋势。为了使柱塞保持平稳的运动状态，减少滑靴与驱动面间的泄漏，需要采用一定的回程措施，避免柱塞（滑靴）与驱动面相互脱离。

现有商用径向柱塞泵采用的回程方法主要有两类：弹簧回程和回程环回程。其中弹簧回程主要用于凸轮驱动式径向柱塞泵中，如图1-25、图2-10和图2-12所示，压缩弹簧安装于柱塞腔内，能够始终提供一定的压紧力使柱塞与凸轮或正多边形过渡套保持接触。弹簧回程结构简单、紧凑，但是由于弹簧具有挠性，因此柱塞运动跟随性较弱，且在运动中易产生冲击和振动。回程环的工作原理如图2-7和图3-8所示[6]，回程环套装在滑靴上，通过机械限位的方式将柱塞滑靴扣压在偏心轮或定子内壁上，为避免卡死，回程环与滑靴间留有一定的间隙。

图3-8 Danfoss 数字排量泵的回程环

在缸转式径向柱塞泵中，缸体旋转时的离心作用也可以起到辅助柱塞回程的作用，但是仅靠离心作用无法独立确保柱塞的可靠回程，尤其是柱塞泵处于起动阶段或低速运转时。此外，在柱塞压入柱塞腔的阶段，虽然高压油液能够产生足够的压紧力，但由于偏心轮对柱塞的反作用力与柱塞的运动方向存在一定的夹角（压力角)，高速运转时，柱塞滑靴存在与偏心轮脱开的风险，故回程环在排油阶段也能起到防止柱塞滑靴飞脱的作用。

除采用弹簧或回程环的机械回程外，还可利用油液压力实现柱塞回程[7]。图3-9所示为正多边形过渡套驱动的滑阀配流式径向柱塞泵，柱塞顶部安装有一个回程导柱，回程导柱插入固定安装在泵体上的回程导套中，并可相对回程导套滑动。泵体上开有垂直孔，将排油流道中的压力油引至安装柱塞压盖的端面上。柱塞压盖上开设有液压回程流道，液压回程流道将压力油引至回程导柱的上方。回程导柱上方的容腔与柱塞腔相互隔离，其内部压力不受由于柱塞运动引起的柱塞腔内压力变化的影响。通过液压回程流道的油路连接，柱塞导柱上方始终受到压力等于负载的油液压力的作用，从而将柱塞压在正多边形过渡套上，当正多边形过渡套向背离柱塞的方向运动时，上述油液压力能够驱动柱塞实现可靠回程。此外，在驱动柱塞的正多边形过渡套上还设置有限位卡盘，限位卡盘扣住柱塞底部的法兰，以防止在泵起动或其他情况下排油汇油流道内尚未建立足够的压力时柱塞与正多边形过渡套脱离。

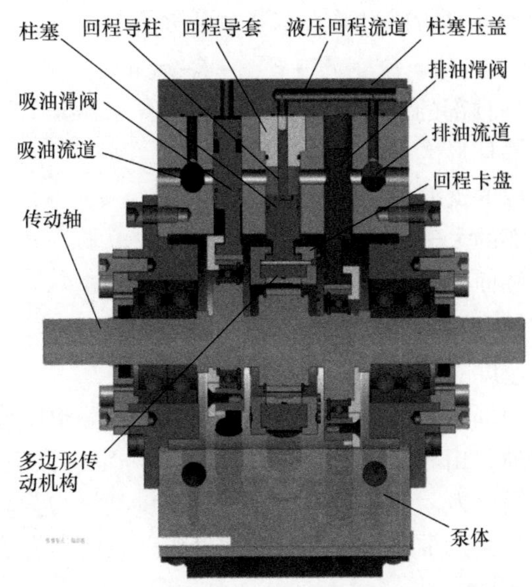

图3-9　正多边形过渡套驱动滑阀配流式径向柱塞泵的采用的液压回程

2. 柱塞回程时底面与正多边形过渡套不脱离的条件

柱塞在运动过程中受油液压力、支撑力以及摩擦力等多个力的作用，因此，应对柱塞开展受力分析，计算其所需要的最小回程力，并以此为依据设计柱塞回程机构。本书以正五边形过渡套驱动式径向柱塞泵的液压回程为例介绍柱塞与驱动表面的不脱离条件及回程机构的参数设计方法。

柱塞所受液压回程力的大小取决于负载压力和回程导柱的截面积。为了确保在泵正常工作时，液压回程力能够使柱塞底面与正多边形过渡套保持紧贴，需要对回程过程中柱塞的受力状况进行分析，以此推导柱塞回程时其底面与正多边形过渡套不脱离的条件。由于泵正常工作时，其负载压力是一定的，因此推导上述“不脱离条件”即是求解满足回程要求的最小回程导柱直径。

柱塞在回程时，其受力分析示意图如图3-10所示，其顶部分别受到作用于回程导柱顶面和柱塞顶面环形区域的油液压力；底部受到正多边形过渡套的支撑力及大气压力；柱塞圆柱面受到来自于柱塞孔的摩擦力。此外，由于柱塞做正弦规律的变加速运动，因此还需克服一定的惯性力。

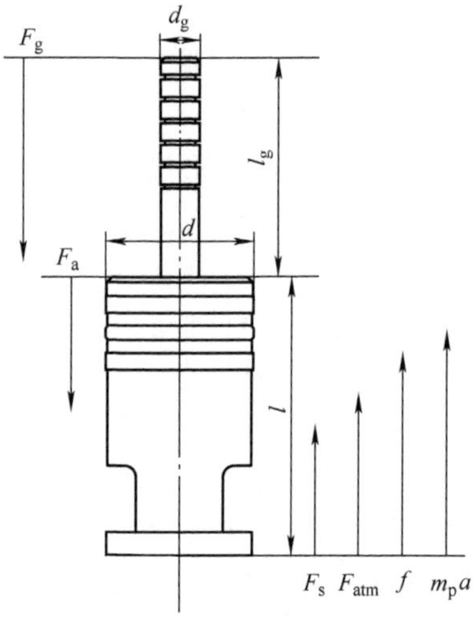

图3-10 柱塞受力分析示意图

柱塞的受力方程为

$$F_g + F_a = F_s + F_{atm} + f + m_p a \tag{3-6}$$

因此，柱塞底面与正多边形过渡套不脱离的受力条件是：

$$F_s = F_g + F_a - F_{atm} - f - m_p a > 0 \tag{3-7}$$

式中 F_g——回程导柱顶部的油液压力（N）；

F_a——柱塞顶部环形区域的油液压力（N）；

F_s——柱塞底部的支撑力（N）；

F_{atm}——柱塞底部的大气压力（N）；

f——柱塞圆柱面所受摩擦力（N）；

m_p——柱塞质量（kg）；

a——柱塞加速度（m/s^2）。

其中，回程导柱顶部容腔与泵排油口连通，其压力等于负载压力；柱塞顶部环形容腔与泵吸油口连通，由于该环形容腔需要具有一定的真空度以从油箱吸入油液，故其压力低于油箱压力，保守起见，在分析中设其压力为0；由于柱塞与柱塞孔的配合为间隙配合，且正常工作时润滑状态良好，因此，为了简化计算，忽略摩擦力。则式（3-7）可化为：

$$F_g - F_{atm} - m_p a > 0 \tag{3-8}$$

柱塞沿泵体径向的位移随传动轴转角按正弦规律变化，其加速度表达式为

$$a = -e\omega^2 \sin\theta \tag{3-9}$$

$$a_{max} = e\omega^2 \tag{3-10}$$

式中 a——柱塞的加速度（m/s^2）；

a_{max}——柱塞的最大加速度（m/s^2）。

液压回程力应保证柱塞在最大加速度下，其底部仍然能够紧贴正多边形过渡套，故将柱塞的最大加速度（式（3-10））代入不等式（3-8）可得：

$$p_o \frac{\pi d_g^2}{4} - p_{atm} \frac{\pi d^2}{4} - m_p e \omega^2 > 0 \tag{3-11}$$

式中 p_o——负载压力（Pa）；

d_g——回程导柱直径（m）；

p_{atm}——大气压力（Pa）；

d——柱塞直径（m）。

其中，柱塞质量为：

$$m_p = \rho_p \frac{\pi}{4}(d_g^2 l_g + d^2 l) \tag{3-12}$$

式中 ρ_p——液压泵的材料密度（kg/m^3）；

d_g——导柱直径；

l_g——回程导柱长度（m）；

l——柱塞长度（m）。

将式（3-12）代入式（3-11）并变形可得：

$$d_g > d \sqrt{\frac{p_{atm} + \rho_p e \omega^2 l}{p_o - \rho_p e \omega^2 l_g}} \tag{3-13}$$

不等式（3-13）即为柱塞回程时其底面与正多边形过渡套不脱离的条件和柱塞液压回程导柱的设计准则。

3.2 传动轴的设计

传动轴是径向柱塞泵接受外部动力并将其转化为用于驱动柱塞往复运动的部件。采用不同传动和配流方案的径向柱塞泵，其传动轴在结构、连接和支承方式等方面也存在差异。

商用径向柱塞泵的传动轴可分为通轴式结构和半轴式结构两类。

3.2.1 通轴式结构

通轴式传动轴主要用于凸轮驱动式径向柱塞泵，如图2-9和图2-22所示。传动轴贯穿泵体，两端支承在泵壳体上，偏心轮与传动轴为一体或与传动轴固定连接为一个整体组件。通轴式结构支承可靠，但由于传动轴旋转时，偏心部分运动产生的离心力无法自平衡，因此可能产生振动。在大排量泵中，为了提高主轴传动组件的动平衡性能，传动轴上还需要加装配重块，如图3-11所示[8]。

图3-12所示为通轴式传动轴的基本结构。轴段A为泵的轴伸，通过花键或平键与外部动力源连接。轴段B和轴段D为支承段，与轴承的内圈配合，为保证支承的平稳性和两轴段在防止装配过程中划伤两轴段的配合面，圆柱面的表面粗糙度应不高于1.6μm，尺寸公差和形状位置公差一般不低于7级。轴段C为偏心轮，

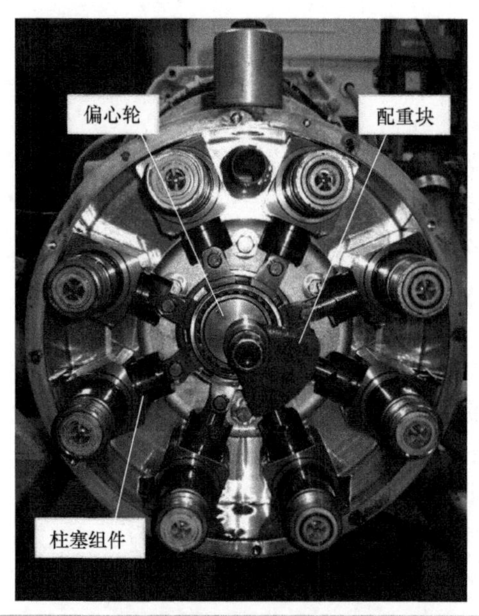

图 3-11　偏心轮驱动式径向柱塞泵主轴动平衡结构

用于直接驱动柱塞运动或通过套装的轴承及过渡套驱动柱塞运动。轴段 C 为传动轴的工作段，其表面硬度、表面粗糙度、尺寸和形状和位置公差应当按照驱动和传动要求严格设计，各尺寸精度一般不低于 7 级。偏心轮的偏心距根据泵的设计排量计算；偏心轮外径根据偏心距、滑靴跨度、轴承内径及过渡套内径的尺寸设计，并应为相邻滑靴的独立运动留出足够的运动空间。为了便于对偏心轮表面的加工、处理，降低部件安装难度以及提高传动轴的刚性和强度，偏心轮外圆柱面各处在径向上都应高于两端的轴段。此外，在有表面粗糙度要求的轴段，应设有砂轮越程槽，便于表面的磨削或剖光处理。为了实现偏心轮轴段 C 所安装轴承内圈的轴向定位，还应开有卡簧槽或留有定位挡板安装空间。

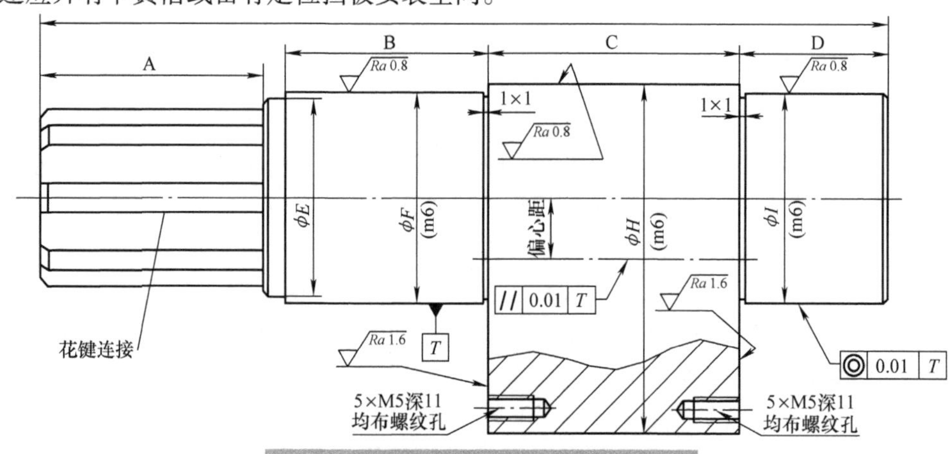

图 3-12　偏心轮通轴式传动轴的基本结构

3.2.2 半轴式结构

由于轴配流式径向柱塞泵需要通过配流轴与旋转缸体间的相对位置的变化来切换柱塞腔与外部高、低压油路的连接关系，因此传动轴无法采用由两端支承的通轴式结构，通常采用图3-13所示的半轴式结构。传动轴通过转子联结器与转子（旋转缸体）连接，转子转动套装在配流轴上，由转子联结器和固定的配流轴共同支承。半轴式传动轴长度较短，由壳体一端安装的轴承支承，由于只有单侧支承，因此选用较宽的轴承或采用多列轴承，如图3-14所示为RX500径向柱塞泵所采用的双列滚针轴承。

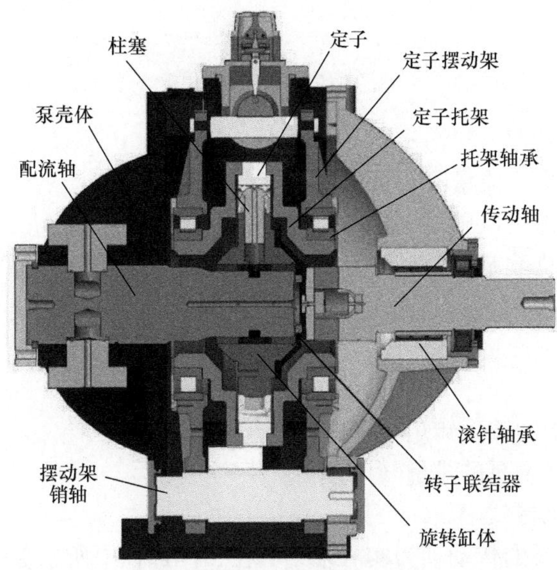

图3-13 缸体旋转式径向柱塞泵的半轴式传动结构

图3-14 半轴式传动轴所采用的滚针轴承

半轴式径向柱塞泵中的定子则通过两端的轴承安装在定子摆动架上，在实际工作时，定子可沿自身轴心随动自转以减小柱塞滑靴与定子间的摩擦力。定子托架支承处的直径相较于定子外径更小，采用更小直径的轴承不仅结构更加紧凑，制造成本更低，且利于提高转动部件的许用工作转速。

3.2.3 传动轴的受力计算

传动轴是径向柱塞泵的动力输入端，其最小直径以及连接键的尺寸应满足泵全功率运转时的强度和刚度需求。此外，在设计时还需要考虑泵内部件的连接和安装尺寸要求。由泵的输出功率计算式（2-55）可推得由输出压力和流量表示的输入功率公式：

$$P_{\mathrm{i}} = \frac{q_{\mathrm{o}} \Delta p}{60\eta} \tag{3-14}$$

式中 P_{i}——输入功率（kW）；

q_{o}——实际平均流量（L/min）；

Δp——泵的进出口压差（MPa）；

η——泵的总效率。

联立式（3-14）和式（2-54）可得输入转矩：

$$T = \frac{q_{\mathrm{o}} \Delta p}{2\pi n\eta} = \frac{V\Delta p}{2\pi\eta_{\mathrm{m}}} \tag{3-15}$$

式中 T——传动轴的输入转矩（N·m）；

V——径向柱塞泵的排量（mL/r）；

η_{m}——泵的机械效率。

由于径向柱塞泵的传动轴为实心轴，其在工作过程中所承受的载荷含有随机交变量，但交变应力一般不超过材料的疲劳极限的应力，因此，传动轴的直径按照满足受静载荷时的强度和刚度设计方法计算即可。根据材料力学相关理论[9,10]，实心轴的最小轴颈分别可按下面两种计算方法计算。

1. 按强度原则计算传动轴直径

$$d \geqslant 10 \times \sqrt[3]{\frac{16T}{\pi[\tau_{\mathrm{p}}]}} = 17.2 \times \sqrt[3]{\frac{T}{[\tau_{\mathrm{p}}]}} \tag{3-16}$$

式中 d——传动轴最小直径（mm）；

$[\tau_{\mathrm{p}}]$——许用扭转切应力（MPa）。

2. 按刚度原则计算传动轴直径

$$d \geqslant 1000 \times \sqrt[4]{\frac{32T \times 180°}{G\pi^2\ [\varphi']}} = 9.3 \times \sqrt[4]{\frac{T}{[\varphi']}} \tag{3-17}$$

式中 G——材料的切变模量（Pa），钢可按 8×10^9 Pa 计；

$[\varphi']$——单位长度允许扭转角（°/m）。

几种常用轴材料的［τ_p］见表3-5；常见工况下的每米轴长允许扭转角见表3-6[10]。径向柱塞泵主轴通常选用40Cr等高强度材料，由于主轴为连续运转的驱动部件，不直接影响液压系统及执行器的工作精度，因此属于“要求不高的传动”场合。

表3-5　几种常用轴材料的［τ_p］值

材料	Q235A、20	Q275、35（12Cr18Ni9Ti）	45	12Cr18Ni9Ti	40Cr、35SiMn、42SiMn、40MnB、38SiMnMo、30Cr13
［τ_p］/MPa	15～25	20～35	25～45	15～25	35～55

表3-6　常见工况下的每米轴长允许扭转角

工况	要求精密、稳定的传动	一般传动	要求不高的传动	起重机	重型机床走刀
［φ'］	0.25～0.5（°）/m	0.5～1（°）/m	≥1（°）/m	15～20（′）/m	5（′）/m

3.2.4　传动轴的轴伸设计

径向柱塞泵通过传动轴的轴伸与动力输入装置连接，轴伸结构一方面需要满足强度和刚度要求，另一方面其尺寸参数还应满足通用性要求。图3-15所示为典型的圆柱形轴伸结构，其尺寸可参照国家标准《圆柱形轴伸》（现行标准号：GB/T 1569—2005）设计。径向柱塞泵一般为低速高压变量泵，传动轴直径取值通常为25～100mm，常用轴伸尺寸见表3-7。

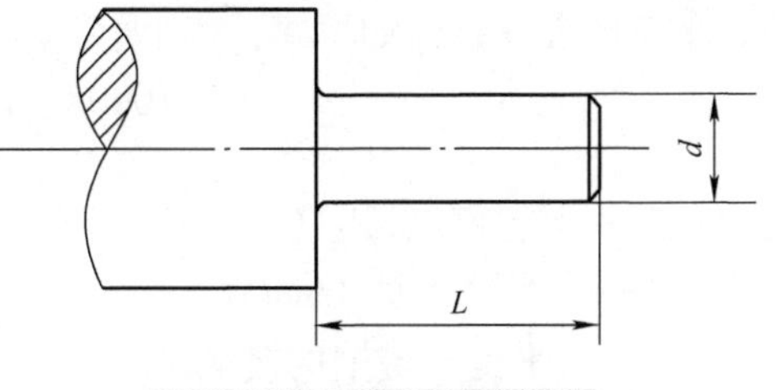

图3-15　圆柱形轴伸结构

表3-7　径向柱塞泵常用轴伸尺寸

轴颈/mm	基本尺寸	25、28、30	32、35、38、40、42、45、48、50	55、56、60、63、65、70、71、75、80	85、90、95、100
	公差	+0.009～-0.004（j6）	+0.018～+0.002（k6）	+0.030～+0.011（m6）	+0.035～+0.013（m6）
轴伸长度/mm	长系列	60、80	80、110	110、140、170	170、210
	短系列	42、58	58、82	82、105、130	130、165

1. 平键连接

平键连接具有结构简单、装拆方便、对中性较好等优点，广泛应用于传动轴轴伸中。轴伸键槽结构如图3-16所示[11]，键槽尺寸参照国家标准《平键　键槽的剖面尺寸》（现行标准号：GB/T 1095—2003）设计，平键规格参照国家标准《普

通型　平键》（现行标准号：GB/T 1095—2003）选取。平键受力分析示意图如图 3-17所示。

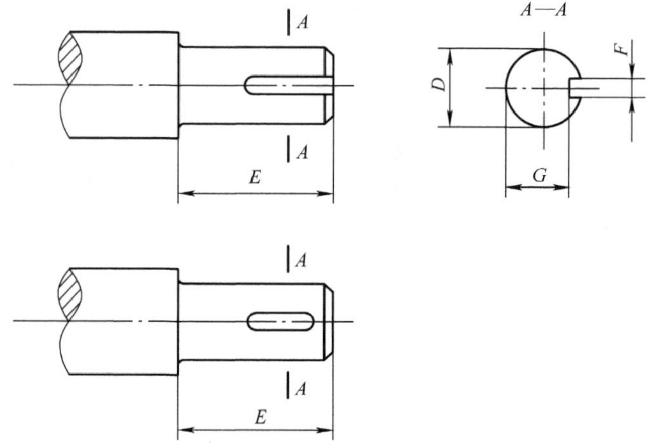

图 3-16　圆柱形轴伸平键槽及平键结构示意图

平键的主要尺寸为键宽 b，键高 h 以及键长 l，其主要失效形式是工作面被压溃，平键的强度条件如下式：

$$\sigma_p = \frac{1000T}{kld} = \frac{2000T}{hld} \leqslant [\sigma_p] \tag{3-18}$$

式中　T——传递的转矩（N · m）；

h——平键高度（mm）；

k——平键与键槽的接触高度（mm），$k=0.5h$；

l——平键的工作长度（mm），圆头平键 $l=L-b$，单圆头平键 $l=L-0.5b$，平头平键 $l=L$，其中 L 为平键的公称长度（mm）；

d——传动轴直径（m）；

$[\sigma_p]$——键、轴、轴套三者中最弱的材料的许用挤压应力（MPa）。

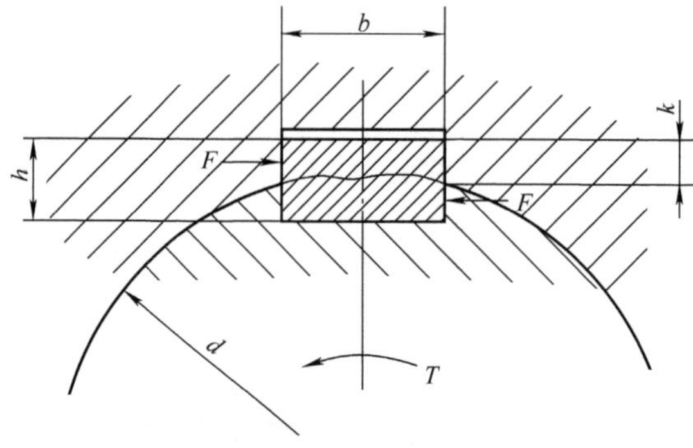

图 3-17　平键受力分析示意图

2. 花键连接

花键连接与平键连接的传力机理类似，但由于含有复数个受力表面，因此在同样接触高度的条件下，其能够传递的力矩也数倍于平键。相较于平键，花键连接的优点包括：①周向受力均匀；②键槽较浅，齿根处应力集中较小，轴与轴套（轮毂）的强度削弱较少；③齿数多，受力面积大，因此传动能力强；④对中性好；⑤可通过磨削的方法提高加工精度和连接质量。但是由于花键结构更加复杂，其制造成本较高，通常用于需要承受超大扭矩的少数大排量高压径向柱塞泵。

按键齿轮廓形状的不同，花键可分为矩形花键和渐开线花键。在径向柱塞泵的轴伸结构中，矩形花键使用较多，如图3-18所示，花键尺寸根据式（3-19）计算，并参照国家标准《矩形花键尺寸、公差和检验》（现行标准号：GB/T 1144—2001）列出的尺寸规格选取[12]。

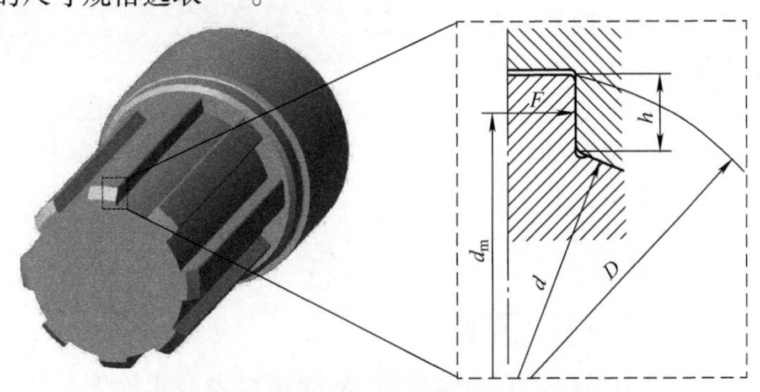

图3-18　矩形花键轴结构及受力示意图

$$\sigma_p = \frac{2000T}{\psi z h l d_m} \leqslant [\sigma_p] \tag{3-19}$$

式中　ψ——载荷不均匀系数，与齿数相关，通常可取0.7～0.8，齿数多时取小值，齿数少时取大值；

z——花键齿数；

h——花键齿侧面的工作高度（m）；

l——花键的工作长度（mm）；

d_m——花键的平均直径（m）；

$[\sigma_p]$——键、轴、轴套三者中最弱的材料的许用挤压应力（MPa）。

3.3　泵内流道的设计

径向柱塞泵内部流道将各个柱塞腔和外部的吸、排油管路连接为一个整体。流道既是泵内液压油通路的一部分，又是油液流动的液阻的一部分，此外流道内储存的油液压缩性也对泵的输出压力、流量波动和容积效率具有一定的影响。

3.3.1 泵内流道基本节流理论公式

径向柱塞泵内部流道的液阻损失分为沿程阻力损失和局部阻力损失两类，如图 3-19所示，柱塞腔与配流通道的连接处存在交叉连接，油液流动方向、压力和流速等特性在连接处发生改变，产生局部阻力损失；另一方面油液，在管路中的流动也会因受到管壁的黏滞作用的影响而产生流动阻力，称为沿程阻力损失。

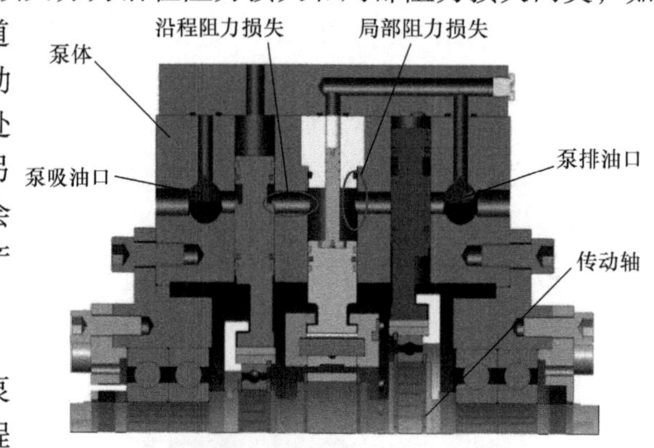

图 3-19　滑阀配流式径向柱塞泵内部流道结构示意图

1. 沿程阻力损失

沿程阻力损失是在径向柱塞泵内部广泛存在的阻力损失，因沿程阻力导致的压降由管路的长度、通径、液体的物性参数以及流动状态决定，可由下式计算得出：

$$\Delta p_{\mathrm{f}} = \lambda \frac{l}{d} \frac{\rho v^2}{2} \tag{3-20}$$

式中　Δp_{f}——沿程阻力损失（MPa）；

λ——沿程阻力系数，它是雷诺数 Re 和相对表面粗糙度$\frac{\varepsilon}{d}$的函数（其中 ε 为材料的绝对表面粗糙度，钢制泵体材料取值一般为 0.01 ~ 0.1μm，铸铁材料取值一般为 0.05μm），可按表 3-8 所列的公式计算，或从图 3-20 中查得；

l——管道长度（mm）；

d——管道内径（mm）；

ρ——流体密度（$\mathrm{kg/m^3}$）；

v——油液流速（m/s）。

表 3-8　圆管的沿程阻力系数 λ 的计算公式

<table>
<tr><th colspan="2">流动区域</th><th colspan="2">雷诺数范围</th><th>λ 的计算公式</th></tr>
<tr><td colspan="2">层流</td><td colspan="2">$Re<2320$</td><td>$\lambda=\frac{64}{Re}$</td></tr>
<tr><td rowspan="4">湍流</td><td rowspan="2">水力光滑管区</td><td rowspan="2">$Re<22\left(\frac{d}{\varepsilon}\right)^{8/7}$</td><td>$3000<Re<10^5$</td><td>$\lambda=0.3164Re^{-0.25}$</td></tr>
<tr><td>$10^5\leqslant Re<10^8$</td><td>$\lambda=\frac{0.308}{(0.842-\lg Re)^2}$</td></tr>
<tr><td>水力粗糙管区</td><td colspan="2">$22\left(\frac{d}{\varepsilon}\right)^{8/7}\leqslant Re\leqslant 597\left(\frac{d}{\varepsilon}\right)^{9/8}$</td><td>$\lambda=\left[1.14-2\lg\left(\frac{\varepsilon}{d}+\frac{21.25}{Re^{0.9}}\right)\right]^{-2}$</td></tr>
<tr><td>阻力平方区
（完全湍流区）</td><td colspan="2">$Re>597\left(\frac{d}{\varepsilon}\right)^{9/8}$</td><td>$\lambda=0.11\left(\frac{\varepsilon}{d}\right)^{0.25}$</td></tr>
</table>

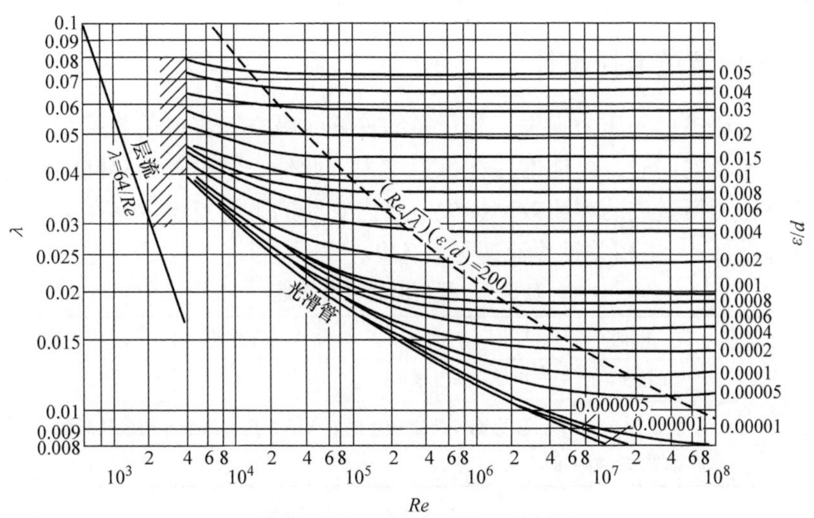

图3-20 粗糙管内的沿程阻力系数

2. 局部阻力损失

局部阻力损失是泵内流道的结构突变或节流导致的液流能量损失，其所产生的压降由结构突变的类型、参数以及油液的流动状态参数等因素决定，可由下式计算得出：

$$\Delta p_{\mathrm{r}} = \zeta \frac{\rho v^2}{2} \tag{3-21}$$

式中 Δp_{r}——局部阻力损失（MPa）；

ζ——局部阻力系数，构成较复杂，泵内直角结构突变的局部阻力系数取值一般为0.3～2，具体数值可根据局部结构的形式从《机械设计手册》或其他相关资料中查找；

ρ——流体密度（kg/m^3）；

v——油液流速（m/s）。

3. 管道总压损失

汇总泵内的沿程阻力损失和主要局部阻力损失并加和即可得到泵内的总压损失：

$$\Delta p = \sum \Delta p_{\mathrm{f}_i} + \sum \Delta p_{\mathrm{r}_i} = \sum \lambda_i \frac{l_i}{d_i} \frac{\rho v_i^2}{2} + \sum \zeta_i \frac{\rho v_i^2}{2} \tag{3-22}$$

式中 Δp——泵内总压损失（MPa）；

i——下角标，泵内局部结构或管段的标号。

径向柱塞泵内的总压损失是导致其机械效率降低的主要因素之一。为了提高泵的机械效率，应合理设计泵内流道通径以降低沿程阻力损失，并通过采用流线型的流道结构，避免流道突变等方式尽量减小局部阻力损失。

3.3.2　泵内流道通径设计

为了降低流道内的压力损失，防止径向柱塞泵吸空，流道通径不宜过小。另一方面在增大通径的同时，泵体的体积也将增大，此外，泵内管路存储油液的增多还将扩大油液压缩所造成的容积效率损失。泵内管路的平均流速可参考金属管内油液流速推荐值设计[13]，相关推荐流速见表3-9。

表3-9　泵内流道推荐流速

管路类型	吸油	排油	局部缩颈	泄油
推荐流速 v /(m/s)	≤0.5～2	≤2.5～6	5～10	≤1
	一般取1m/s以下，压力高或流道较短时取大值，压力低或流道较长时取小值，油液黏度大时取小值			

管路通径可利用式计算并圆整选取。

$$d_{\mathrm{n}}=\sqrt{\frac{4}{\pi}\frac{1000}{60}\frac{q}{v}}=4.61\sqrt{\frac{q}{v}} \tag{3-23}$$

式中　d_{n}——泵内流道通径（mm）；

q——流量（L/min）；

v——油液流速（m/s）。

根据表3-9和式（3-23）可计算泵内单柱塞流道和总吸排油流道参考通径，见表3-10。

表3-10　流道通径推荐参考尺寸

额定流量/(L/min)		10	16	25	40	63	100	160	250
推荐通径/mm	吸油	10～21	13～26	16～33	21～41	26～52	33～65	41～82	52～103
	压油	6～13	7～15	8～17	9～19	10～21	11～24	12～26	13～30

参考文献

[1] 贾跃虎，王荣哲，安高成. 新型径向柱塞泵 [M]. 北京：国防工业出版社，2012.

[2] 全国产品尺寸和几何技术规范标准化技术委员会. 优先数和优先数系：GB/T 321—2005 [S]. 北京：中国标准出版社，2005.

[3] 邱冰静. 自平衡式阀配流低速大扭矩高水基液压马达关键技术研究 [D]. 徐州：中国矿业大学，2018.

[4] 李少年. 高压大排量径向柱塞泵瞬时流量与滑靴副动力学解析 [D]. 兰州：兰州理工大学，2021.

[5] 李壮云. 液压元件与系统 [M]. 3 版. 北京：机械工业出版社，2011.

[6] DANFOSS. Digital Displacement pumps [EB/OL]. (2021 - 02 - 25) [2021 - 10 - 26]. https：//www. danfoss. com.

[7] 赵升吨，郭桐，李靖祥，等. 一种采用双列滑阀配油的液压回程径向柱塞泵：201410151109. 5 [P]. 2014 - 4 - 15.

[8] HARBEN INC. Harben ® Radial Piston Pump [EB/OL]. (2021 - 01 - 08) [2021 - 11 - 30]. https：//harben. com/product/p - type - pump/.

[9] 刘鸿文. 材料力学 Ⅰ [M]. 5 版. 北京：高等教育出版社，2011.

[10] 成大先. 机械设计手册：第 2 卷 [M]. 6 版. 北京：化学工业出版社，2016.

[11] 全国机器轴与附件标准化技术委员会. 平键　键槽的剖面尺寸：GB/T 1095—2003 [S]. 北京：中国标准出版社，2003.

[12] 全国机器轴与附件标准化技术委员会. 矩形花键尺寸、公差和检验：GB/T 1144—2001 [S]. 北京：中国标准出版社，2001.

[13] 成大先. 机械设计手册：第 5 卷 [M]. 6 版. 北京：化学工业出版社，2016.

第4章

径向柱塞泵的密封

径向柱塞泵本质上是一种使油液升压并驱动其以一定的速度定向流动的机械装置。径向柱塞泵内各组件均围绕实现上述功能运转，可划分为传动、配流和密封三大组件。传动组件实现从机械能到液压能的转化，决定了径向柱塞泵的基本工作机制；配流组件决定了油液流动方向的切换方式和输出液流的压力、流量特性；密封组件则决定了泵的工作压力和所能达到的容积效率。第2章和第3章阐述了传动和配流系统的组成及其特性，本章主要介绍径向柱塞泵内的泄漏点、密封形式及其设计。

4.1 液压密封概述

由于液压传动系统的工作介质具有流动性，因此，介质工作容腔或管路等环节中的连接处、间断处等位置存在泄漏风险。流体发生泄漏的机理主要分为三类：界面泄漏、渗透泄漏和扩散，如图4-1所示。界面泄漏和渗透都是在压差的作用下发生的，而扩散是在流体介质浓度差的作用下发生。在液压泵内的泄漏中，以界面泄漏为主，液压密封也以防止界面泄漏为主要目标[1-3]。

4.1.1 三类泄漏的机理

1. 界面泄漏

界面泄漏是指发生在密封接合界面处的泄漏。在压差的作用下，被密封流体通过密封面的间隙或微观缝隙，由高压一侧传递到低压一侧。密封面间的间隙包括配合间隙、由于加工或装配误差导致的间隙以及粗糙界面间的不严密贴合导致的间隙等。界面泄漏通常能够形成宏观的稳定泄漏流，泄漏量较大，是液压泵内最主要的泄漏形式，应当尽量防止。

2. 渗透

渗透是指被密封介质在压力和表面张力的作用下渗入工作腔壁面或密封材料内

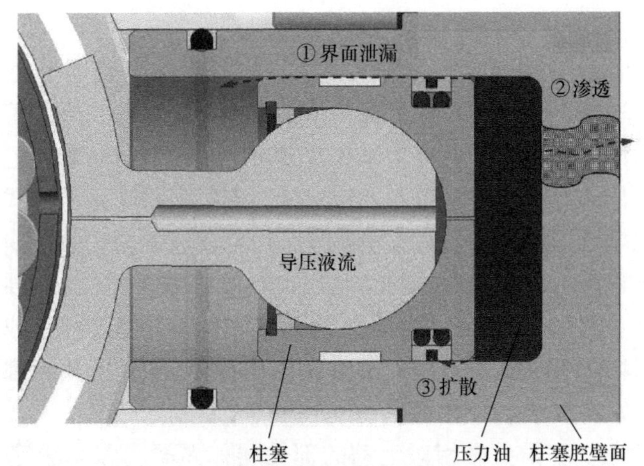

图 4-1　泄漏的三种形式

部的微孔的现象。渗透可能发生在密封工作腔与流体相接触的任意位置。工作腔壁面处的渗透通常是由于加工制造缺陷等问题所导致的，应当杜绝。

3. 扩散

扩散是指在浓度差的作用下，被密封介质通过密封间隙或材料内部的微观孔隙传递到外部，或外部流体物质在同样机理作用下传递到被密封空间的现象。扩散过程是双向进行的，且由于介质浓度差无法消除，因此扩散是无法杜绝的。所幸扩散所导致的泄漏量很小，因此在液压泵的工作中可予以忽略。应当注意，虽然扩散本身不会造成严重的泄漏，但是扩散却能造成密封件材料性能的改变，从而通过影响界面泄漏或渗透而导致不可忽略的泄漏。

按照泄漏介质的流动方向，泄漏可分为内泄漏和外泄漏。内泄漏是指工作容腔内流体介质从高压一侧越过密封界面传递到低压一侧的过程。内泄漏将导致液压元件或系统的容积效率降低和工作压力的下降，降低整机的工作性能和能量利用率。外泄漏是指流体介质从液压元件或系统的工作腔流出到系统外部的过程。相较于内泄漏，外泄漏的危害更大，不仅会造成液压容积效率的损失，泄漏的介质还可能污染环境，甚至导致外部部件腐蚀、生锈，可燃介质的泄漏还可能引发火灾等灾难。

4.1.2　密封的基本方法和分类

1. 密封的基本方法

液压元件内或液压系统中的界面泄漏可通过安装密封件予以减缓或消除。由于界面泄漏是由压差的作用下在界面间隙或微孔道发生的，因此，减少泄漏量的基本方法主要分为以下几种[4]。

(1) 减少泄漏点数量　通过用一体式零件替换组合式部件，可减少界面接合点，从而从根本上消除泄漏。但是由于一体式零件的加工和制造工艺更加复杂，采用此种方法减少泄漏将大幅提高元件或系统的制造成本。

（2）封堵泄漏点　在液压元件或系统中，某些泄漏点是为了便于制造、装配零件而产生的，这些孔道或缝隙不是部件正常工作所必需的，因此可以在制造或装配结束后予以封堵。封堵方法可分为永久性封堵、半永久封堵和装配封堵。其中永久性封堵是指零件的泄漏点被不可复原地封堵，例如采用焊接等方式将零件或接口处的孔洞、缝隙填堵固结；半永久封堵是指采用可复原的方式将泄漏点封堵，在正常工作和装配过程中，泄漏点保持封堵状态，在维修需要时，可将封堵材料去除，例如利用胶黏剂将零件上的小孔或接缝粘接；装配封堵是指在元件或系统的装配状态下泄漏点被封堵，而在检修时可方便地解除封堵的方法，静密封都属于装配式封堵，是最常见的密封方法。

（3）引入液阻　在需要做相对运动的部件间，界面间隙无法完全消除。界面泄漏是由工作腔与外界压差引起的，由于该压差是液压元件或系统正常工作时优先保证的性能参数，所以不能通过主动降低压差来减少泄漏。泄漏量除了与压差相关外，还受泄漏通道流动阻力的影响。流动阻力与泄漏通道的长度成正比，与泄漏通道当量半径的四次方（层流）或三次方成反比，因此，可通过增长泄漏通道，减少泄漏间隙或其他增加泄漏流动阻力的方式来减少此类界面泄漏量。常见的措施包括采用多道密封、延长密封段长度以及增加密封件预紧力等方法。

（4）回注泄漏液　对于无法消除且泄漏的介质会对机体或工作环境产生不可接受的影响的泄漏，可通过抽吸装置将泄漏液收集并引回吸入室或低压吸油口。该方法是一种补偿手段，能够消除或弥补密封性不足造成的影响。

2. 密封的分类

密封的种类繁多，根据不同的区分标准可将密封做多种分类[5,6]，如图 4-2 所示。按照密封接合面的工作状态，密封可以分为静密封和动密封，其中静密封包括螺纹密封、垫片密封、O 形密封圈密封、研合面密封等；动密封按照运动形式又可

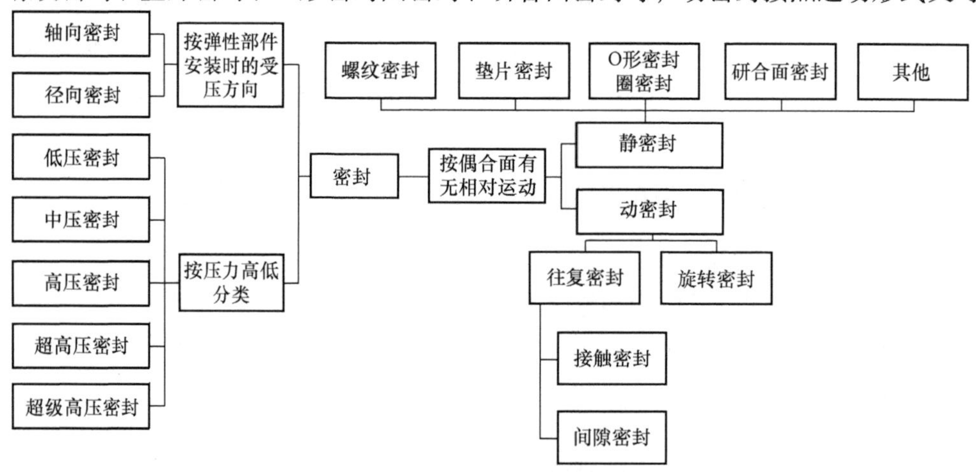

图 4-2　密封的多种分类方式

以分为往复运动密封和旋转运动密封，往复密封根据相对运动表面是否接触又可进一步划分为接触密封和间隙密封。按照密封压力等级可将密封划分为低压、中压、高压、超高压密封和超级高压密封。不同的专业领域对低、中、高压的界定不同，在液压传动中，通常可按表 4-1 划分[1,7]。按照密封件安装时的受压方向可分为轴向密封（平面密封）和径向密封（圆柱密封）[1,8]，如图 4-3 所示。

表 4-1　液压传动压力分级

压力等级	低压	中压	高压	超高压
压力范围/MPa	0 ~ 6.3	6.3 ~ 16	16 ~ 40	≥40

闻邦椿主编的《机械设计手册 单行本 润滑与密封》对各类密封形式做了系统的阐述，按所采用的机理将密封分为垫片密封、胶密封、填料密封、机械密封和非接触式密封五类，如图 4-4 所示。径向柱塞泵所采用的密封方式以成形填料密封为主，这种密封泛指用橡胶、塑料和皮革等材料加工成形的环状密封圈。成形填料密封的工作

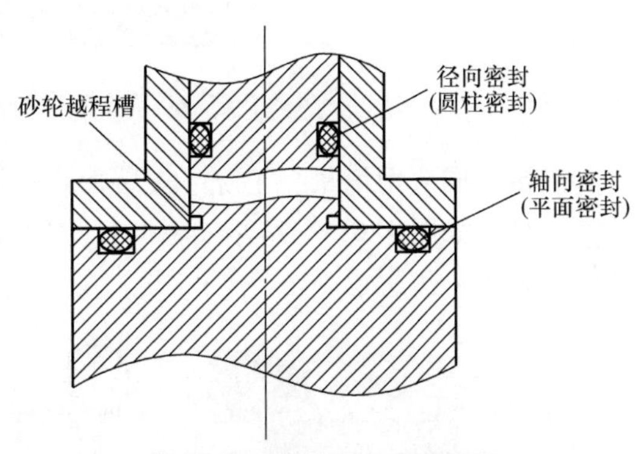

图 4-3　径向密封与轴向密封

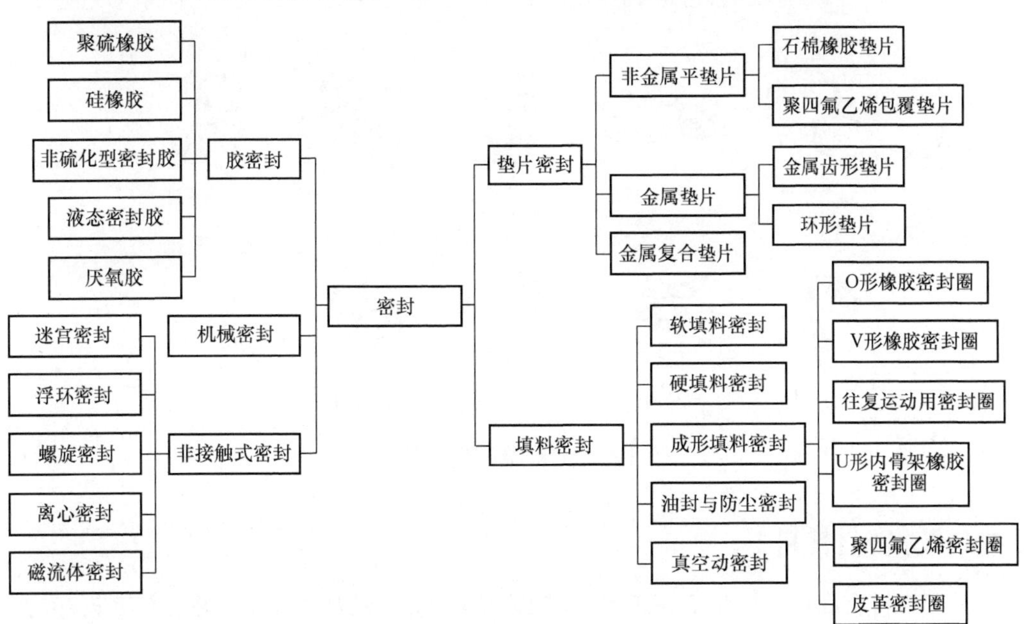

图 4-4　按照密封所采用的机理分类

原理：依靠密封圈本身安装时的机械压紧力（例如O形密封圈在安装状态下，会在径向或轴向方向受压而产生预紧力）或介质压力的自紧作用（例如轴用阶梯密封圈受侧压抱紧轴面）下产生弹塑性变形而封堵流体泄漏通道，如图4-5所示。

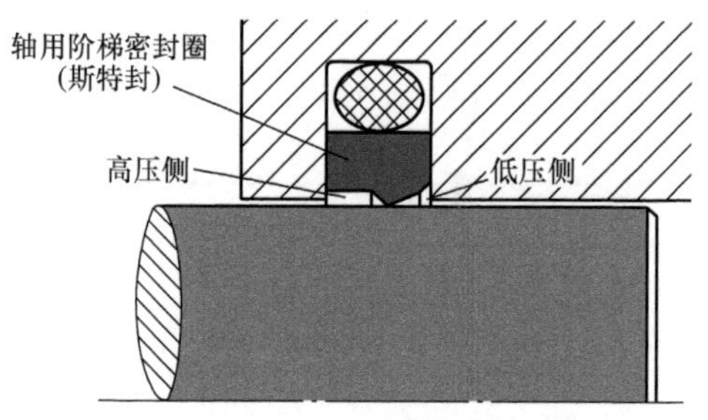

图4-5　轴用阶梯密封圈的工作原理示意图

为满足不同应用场景、工况、安装形式以及压力等级的需求，人们设计出了大量的密封件，如图4-6[8,9]所示。密封件按照应用场合可分为静密封和动密封，密封件体系如图4-7所示。

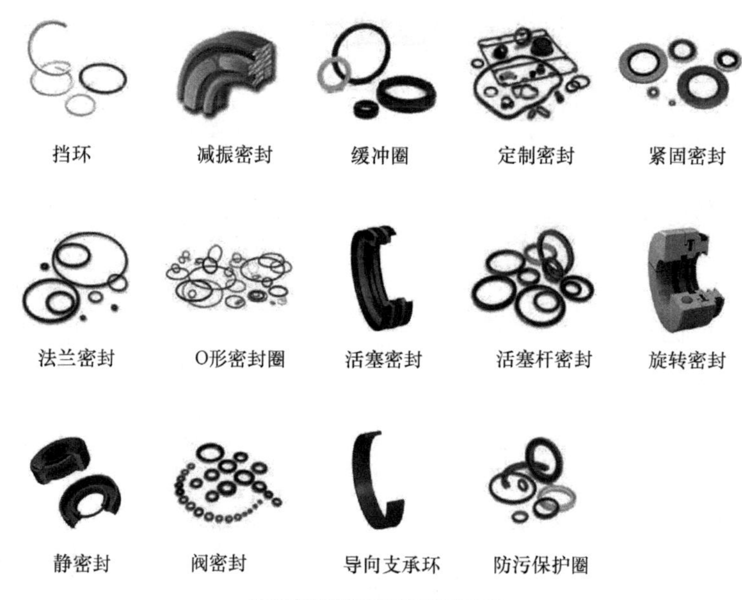

图4-6　常见密封件[9]

4.1.3　密封材料

密封材料应具有满足应用工况需求的物理、化学和力学特性，并应具有较好的加工和装配工艺性。最常用的填料密封材料是各类橡胶，除此之外还包括合成树脂、金属、化学纤维和植物纤维等。

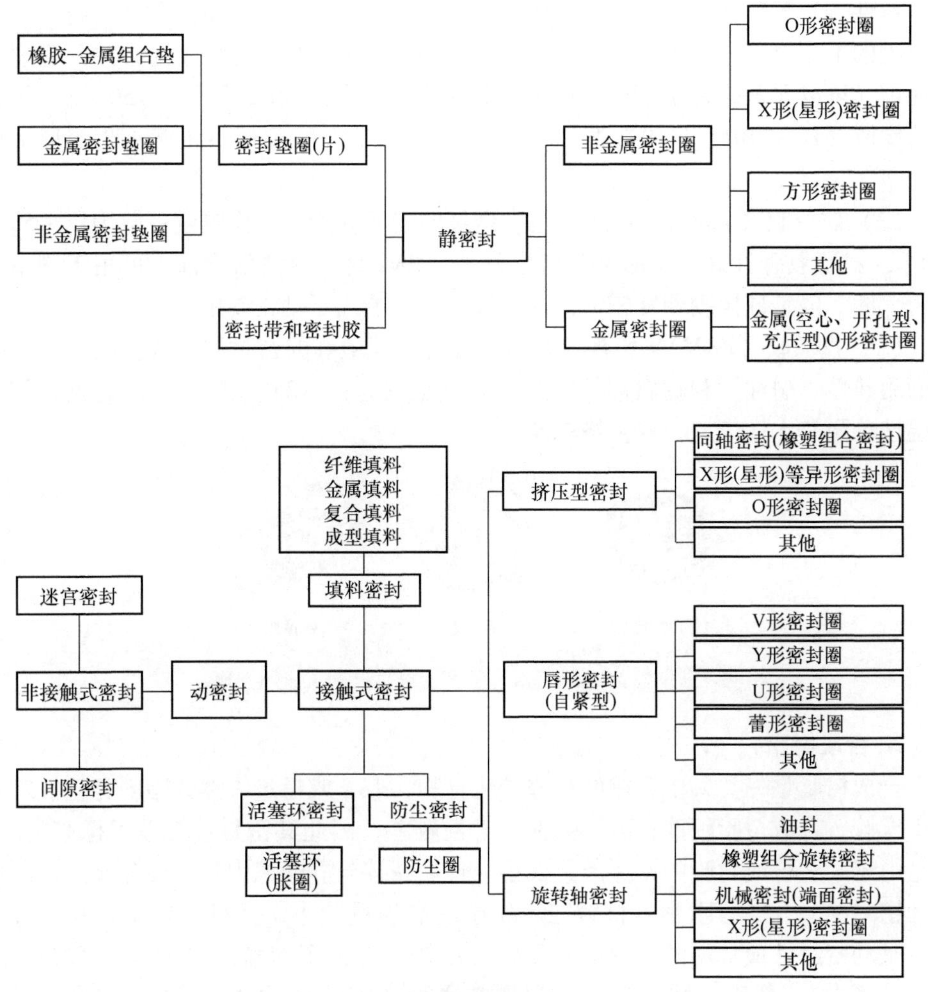

图4-7 常用密封件的分类

1. 橡胶

橡胶材料包括天然橡胶和合成橡胶。天然橡胶的综合力学性能良好，且耐温范围较宽（一般为－50～120℃），此外还具有易加工、弹性好等优点。但是由于橡胶与矿物油液不相容，因此不能用于油压系统，只用于高水基乳化液等非石油基介质的液压系统中。

合成橡胶统指在天然橡胶中加入改性添加剂制成的合成材料。根据添加剂种类和配方的不同，可以形成多种具有不同特性的合成橡胶。在石油基液压系统中，丁腈橡胶（NBR)、硅橡胶（VMQ）和氟橡胶（FKM）材料最为常见，如图4-8所示（不同的橡胶材质地略有区别，但不可仅通过颜色区分）。

（1）丁腈橡胶（NBR） 丁腈橡胶对矿物油具有良好的相容性，物理特性稳定，弹性、硬度适中，加工工艺性好，制造成本低，是使用量最大的密封材料。丁腈橡胶的工作温度一般为：-30~100℃。普通丁腈橡胶的耐腐蚀性略差，通过氢化处理，可以显著改善丁腈橡胶的耐腐蚀、耐热性能（耐高温可达150℃）。氢化丁腈橡胶（H-NBR）实验数据表明，在150℃×70h的条件下压缩永久变形量仅为20%左右[1]。

（2）硅橡胶（VMQ） 硅橡胶具有良好的耐温性能，工作温度一般为：-50~200℃。硅橡胶弹性好，压缩永久变形量小，强度高，耐油耐腐蚀，可用于制造O形密封圈。但是硅橡胶硬度较低，耐磨性差，不能用于动密封中。

（3）氟橡胶（FKM） 氟橡胶是目前综合性能最好的密封用合成橡胶，具有突出的耐热性、耐油性和耐腐蚀性，工作温度范围为：-25~250℃。但是氟橡胶耐低温性、耐热水性较差，且价格较高。

图4-8 石油基液压系统常用的合成橡胶O形密封圈

2. 合成树脂

合成树脂是一类人工合成的高分子化合物，兼备或超过天然树脂固有特性。相对于橡胶，合成树脂硬度较高，弹性、柔性较差，因此其密封性能差于橡胶材料。但是由于某些合成树脂的摩擦因数很小，且动摩擦与静摩擦因数十几分接近，因此在动密封中，合成树脂密封材料在工作中的磨损量较小，且机械效率较高、寿命长，是动密封件最常用的材料。常用的合成树脂包括聚四氟乙烯树脂（PTFE，别名“特氟龙”，俗称“塑料王”）、聚酰胺树脂（PA，俗称“尼龙”）和聚甲醛树脂（POM，俗称“赛钢、超钢”）等，如图4-9所示。

图4-9 石油基液压系统常用的合成树脂密封圈

（1）聚四氟乙烯（PTFE） 聚四氟乙烯是密封件中使用最多的合成树脂材料。聚四氟乙烯具有优良的耐热性、耐腐蚀性和抗黏性。此外聚四氟乙烯具有很低的摩擦因数，非常适用于动密封场合。纯聚四氟乙烯材料的力学性能较差，不能直接用于制造密封件，一般可以通过加入玻璃纤维、青铜粉、石墨、碳纤维等材料改善其力学性能、耐磨性和制造工艺性，从而制造出摩擦磨损小、使用寿命长的密封圈。

（2）聚酰胺（PA） 聚酰胺树脂具有较聚四氟乙烯更高的强度，因其优良的承载能力和高温耐压性能，而常被用于制作轴套密封、挡圈等。

（3）聚甲醛（POM） 聚甲醛具有强度高、硬度高、韧性好、摩擦因数低以及工作特性稳定等优点。其具有热塑性材料中最高的耐疲劳强度。常用作高压系统的支撑环、挡环或轴套材料。但是，聚甲醛的聚合度不高，易因受热解聚，因此不能用于高温场合。

4.1.4 常用密封件及其特点

径向柱塞泵常用的密封圈主要包括：O形密封圈、复合密封圈（格莱圈、斯特封）、填料函、油封和组合密封垫。

1. O形密封圈

O形密封圈是结构最简单，应用最广泛的密封件。O形密封圈是一种压缩预紧成形填料密封件，通常由丁腈橡胶、氟橡胶等材料制成，如图4-8所示。O形密封圈的横截面在自由状态下为实心圆形，在安装状态下被压缩变形，产生压紧力，如图4-5所示。此外，O形密封圈在单侧高压下还能通过产生形变而具有一定的自封能力。O形密封圈常用于静密封，最高密封压差可达400MPa[6]，在真空密封中，最低密封绝对压力可低至1.33×10^{-5} Pa。O形密封圈还可用于速度不高于0.5m/s的往复运动（如低速液压缸）或旋转线速度不高于2.0m/s的液压动密封工况中，动密封压力可达35MPa[5]。需要注意的是：在压力较高的场合（≥10MPa）中，O形密封圈需要搭配挡环使用，以防止橡胶材料在液压力作用下被挤入偶合副的间隙，如图4-10所示。在合理设计的情况下，静密封可以做到基本无泄漏，动密封可以做到很少泄漏。

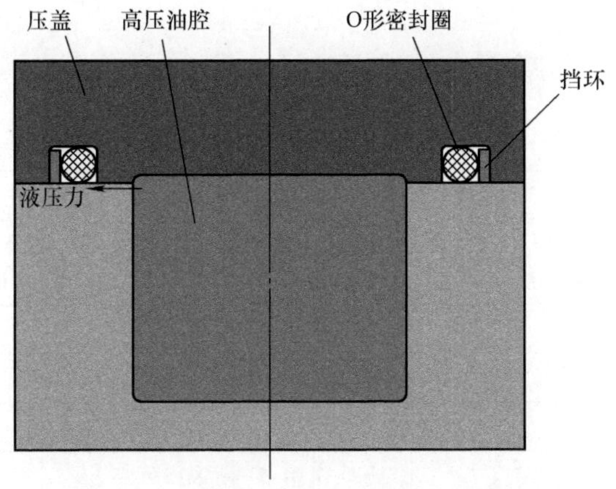

图4-10 O形密封圈及其挡环的安装状态示意图

O 形密封圈是液压传动系统中最重要的密封件之一。为保证 O 形密封圈的通用性、可靠性，国家标准对其尺寸、公差、外观形貌、安装沟槽尺寸、挡环尺寸规格做出了详细规定，相关国家标准列于表 4-2。

表 4-2　O 形密封圈相关国家标准

序号	标准名称	编号—实施年
1	液压气动用 O 形橡胶密封圈　第 1 部分：尺寸系列及公差	GB/T 3452. 1—2005
2	液压气动用 O 形橡胶密封圈　第 2 部分：外观质量检验规范	GB/T 3452. 2—2007
3	液压气动用 O 形橡胶密封圈　沟槽尺寸	GB/T 3452. 3—2005
4	液压气动用 O 形橡胶密封圈　第 4 部分：抗挤压环（挡环）	GB/T 3452. 4—2020
5	O 形橡胶密封圈试验方法	GB/T 5720—2008

O 形密封圈的结构和尺寸如图 4-11 所示。在设计 O 形密封圈密封时，首先需要根据密封尺寸从国家标准 GB/T 3452. 1—2005 中选取与之相近的密封圈内径 ϕd_1，再根据 ϕd_1 选取密封圈的截面直径 ϕd_2，常用的 O 形密封圈截面直径基本尺寸有 5 级：1. 8mm、2. 65mm、3. 55mm、5. 3mm 和 7mm。液压传动常用的 O 形密封圈规格参数见表 4-3。

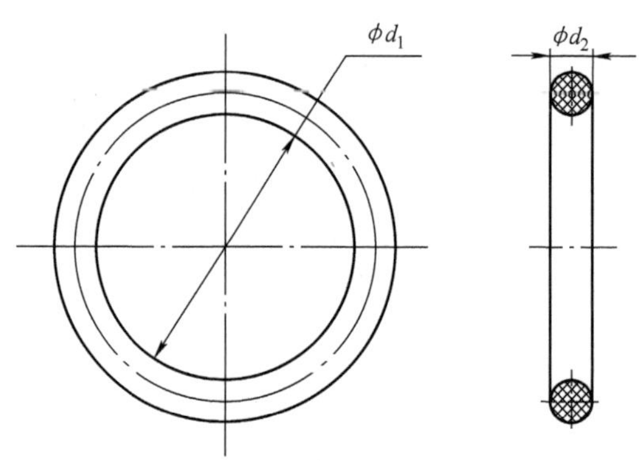

图 4-11　典型 O 形密封圈的结构和尺寸

表 4-3　常用 O 形密封圈国家标准规格参数　(mm)

d_1		d_2				d_1		d_2			
尺寸	公差	1. 8 ±0. 08	2. 65 ±0. 09	3. 55 ±0. 10	5. 3 ±0. 13	尺寸	公差	1. 8 ±0. 08	2. 65 ±0. 09	3. 55 ±0. 10	5. 3 ±0. 13
1. 8	0. 13	×				3. 55	0. 14	×			
2	0. 13	×				3. 75	0. 14	×			
2. 24	0. 13	×				4	0. 14	×			
2. 5	0. 13	×				4. 5	0. 15	×			
2. 8	0. 13	×				4. 75	0. 15	×			
3. 15	0. 14	×				4. 87	0. 15	×			

（续）

d_1		d_2				d_1		d_2			
尺寸	公差	1.8 ±0.08	2.65 ±0.09	3.55 ±0.10	5.3 ±0.13	尺寸	公差	1.8 ±0.08	2.65 ±0.09	3.55 ±0.10	5.3 ±0.13
5	0.15	×				21.2	0.27	×	×	×	
5.15	0.15	×				22.4	0.28	×	×	×	
5.3	0.15	×				23	0.29	×	×	×	
5.6	0.16	×				23.6	0.29	×	×	×	
6	0.16	×				24.3	0.3	×	×	×	
6.3	0.16	×				25	0.3	×	×	×	
6.7	0.16	×				25.8	0.31	×	×	×	
6.9	0.16	×				26.5	0.31	×	×	×	
7.1	0.16	×				27.3	0.32	×	×	×	
7.5	0.17	×				28	0.32	×	×	×	
8	0.17	×				29	0.33	×	×	×	
8.5	0.17	×				30	0.34	×	×	×	
8.75	0.18	×				31.5	0.35	×	×	×	
9	0.18	×				32.5	0.36	×	×	×	
9.5	0.18	×				33.5	0.36	×	×	×	
9.75	0.18	×				34.5	0.37	×	×	×	
10	0.19	×				35.5	0.38	×	×	×	
10.6	0.19	×	×			36.5	0.38	×	×	×	
11.2	0.2	×	×			37.5	0.39	×	×	×	
11.6	0.2	×	×			38.7	0.4	×	×	×	
11.8	0.19	×	×			40	0.41	×	×	×	×
12.1	0.21	×	×			41.2	0.42	×	×	×	×
12.5	0.21	×	×			42.5	0.43	×	×	×	×
12.8	0.21	×	×			43.7	0.44	×	×	×	×
13.2	0.21	×	×			45	0.44	×	×	×	×
14	0.22	×	×			46.2	0.45	×	×	×	×
14.5	0.22	×	×			47.5	0.46	×	×	×	×
15	0.22	×	×			48.7	0.47	×	×	×	×
15.5	0.23	×	×			50	0.48	×	×	×	×
16	0.23	×	×			51.5	0.49		×	×	×
17	0.24	×	×			53	0.5		×	×	×
18	0.25	×	×	×		54.5	0.51		×	×	×
19	0.25	×	×	×		56	0.52		×	×	×
20	0.26	×	×	×		58	0.54		×	×	×
20.6	0.26	×	×	×		60	0.55		×	×	×

注：“×”表示有此规格。

普通O形密封圈所采用的制造工艺以水平开模为主，分模线位于内径和外径中部。当O形密封圈用于径向密封（圆柱密封）时，分模线处于工作面上，分模毛刺、飞边将对密封性能产生负面影响。国家标准GB/T 3452.2—2007将密封圈分模线表面缺陷归纳为四类：①错位、错配；②组合飞边；③开模缩裂；④过度修边。如图4-12所示。兰州理工大学的张峰、冀宏等人分析了具有不同表面缺陷的O形密封圈在介质压力下的变形与受力情况，结果表明，带有飞边的O形密封圈出现应力松弛现象最为明显，易产生裂纹[10]。在密封圈的制造中，一般可通过冷冻修边、手工修边、机械修边以及研磨等方法去除飞边[11]。

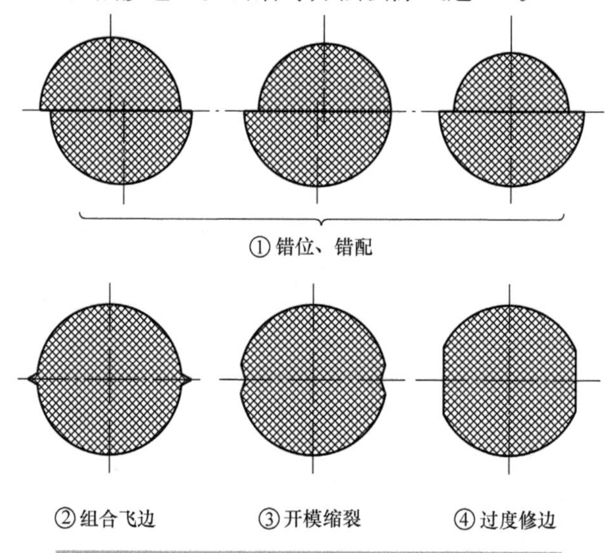

图4-12　O形密封圈横截面的四种典型表面缺陷

为了提高密封圈的密封性能和可靠性，还可通过调整分模线位置来避免分模线对工作面密封性能的影响。如图4-13所示，普通密封圈一般采用180°分模，这种分模方式具有模具简单，成品脱模方便，制造成本低的优点，但分模线对径向密封性影响较大，尤其是在动密封工况下，毛边将增大摩擦磨损，加速O形密封圈的老化和失效。通过改用45°分模的方法，可以有效避免分模面毛边对密封性能的不利影响。但由于45°模具结构更加复杂、分模难度更高，因此会大幅提高O形密封圈的制造成本。

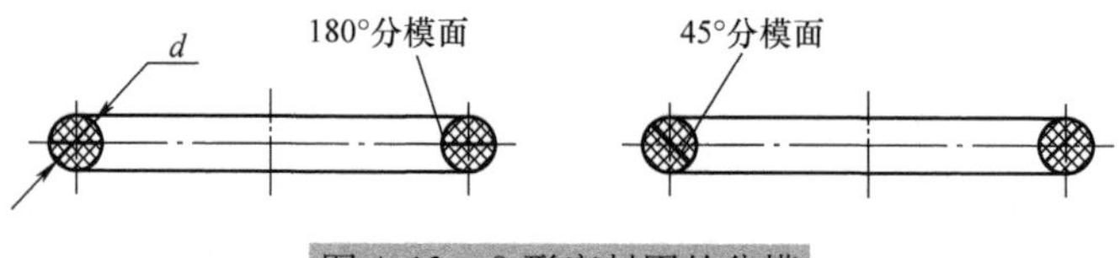

图4-13　O形密封圈的分模

2. 格莱圈和斯特封

O形密封圈为橡胶材料的密封件，其硬度较低，因此才能够在压力作用下通过变形堵塞泄漏通道，从而获得很好的密封效果；另一方面，较软的橡胶材料的耐磨性较差，极易磨损。在动密封中，运动副部件将与密封圈间产生具有较高 pv 值的滑动摩擦，尤其是在高压、高速动密封中，若采用 O 形圈密封，则将很快会因严重的磨损而导致密封失效。因此，O 形密封圈只能用于静密封或低速动密封（往复运动：速度不高于 0.5m/s；旋转运动：线速度不高于 2.0m/s）。

为了改善动密封在高速工况下的可靠性和延长使用寿命，可采用由 O 形密封圈和其他材料组成的复合密封圈取代单独的 O 形密封圈密封。最常用的复合密封圈包括两类：格莱圈和斯特封，如图 4-14 所示。

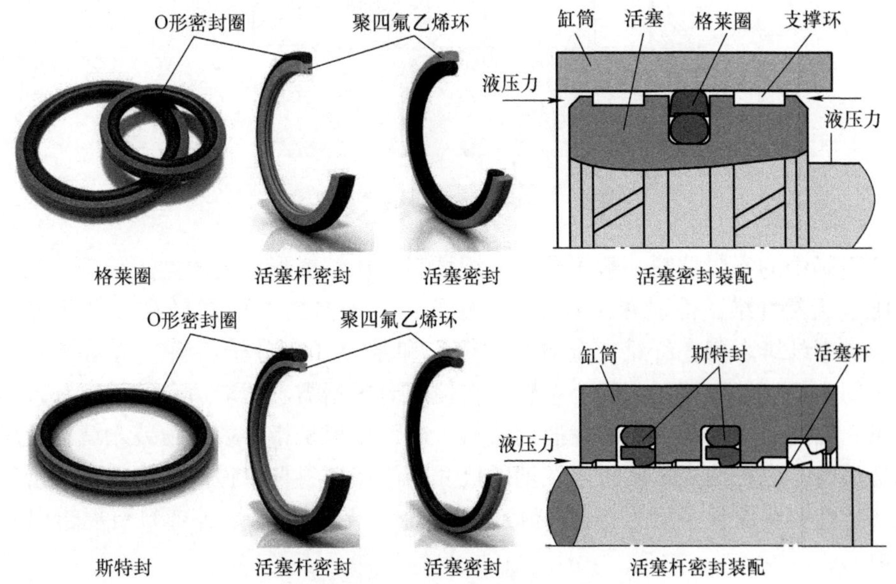

图 4-14 格莱圈和斯特封及其装配[12]

格莱圈由 O 形密封圈和横截面为梯形的聚四氟乙烯树脂密封环组成。在装配状态下，O 形密封圈位于沟槽内，不与运动副工作面接触。O 形密封圈被压缩变形产生压紧力，使聚四氟乙烯塑料环与运动副表面紧贴形成良好密封。由于聚四氟乙烯具有良好的耐磨性，因此格莱圈能够在高速、高压、连续工作状态下保持良好的密封性。格莱圈在密封时能够承受双侧压力。

斯特封又称阶梯圈密封，由 O 形密封圈和横截面为阶梯形状的聚四氟乙烯树脂密封环组成。在装配状态下，O 形密封圈位于沟槽内，聚四氟乙烯环的阶梯一侧面向高压液方向。斯特封与格莱圈的工作原理类似，但是只能实现单侧密封，单侧密封压力略高于格莱圈。

格莱圈和斯特封均可用于活塞密封或活塞杆密封，容许相对运动速度可达 15m/s。为了阐明两类密封的装配形式，图 4-14 分别以格莱圈的活塞密封和斯特封的活塞杆密封举例示意。

3. 填料函密封

填料函密封是一种传统的密封方式，被广泛用于石油、化工以及电力等领域中[3]。其基本结构如图4-15所示，填料函为套装在活塞杆外柱面上的环形部件，填料一般为条形柔性材料，盘绕活塞杆安装在填料函内部，压盖通过机械连接安装在填料函端部，压盖上的凸环将填料压紧在填料函内。

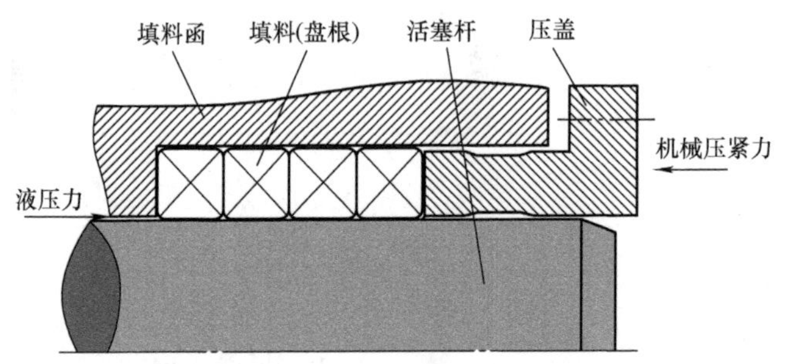

图4-15　填料函密封结构示意图

填料函中的密封填料一般可分为编织填料和压制成形填料两类。编织填料由各种纤维（天然纤维：棉、麻、毛等；矿物纤维：石棉等；合成纤维：聚四氟乙烯纤维、碳素纤维、陶瓷纤维、金属纤维等）和箔带（高分子材料或金属材料）绞合或编织而成。编织填料一般为条状，在使用时根据需求截取适合的长度盘入填料函即可，因此通用性强，又称为通用填料。成形填料是指将填料粉装入填料函压紧成形的填料，也可预先按密封函及轴的尺寸压制成填料杯来提高安装效率和密封一致性。塑性填料原料一般为石棉/橡胶沉积原料、聚四氟乙烯等塑料石墨带以及金属填料。

填料函的密封工作面为填料与传动轴的接触面。由于填料表面较粗糙，因此其与传动轴只有部分紧密贴合，未贴合部分形成无数个“迷宫”。流体介质的压力在贴合处和迷宫处的多次节流作用下被衰减，从而实现高压密封。填料函的密封效果由机械压紧力和密封长度决定。压紧力越大、填料长度越长，则密封效果越好。填料函长时间工作后，可能因填料发生塑性形变或填料磨损，使压紧力下降，从而导致密封失效。可通过定期更换填料、上紧压盖或采用自动补偿压紧机构使填料函保持足够的压紧力[13]。

填料函密封的密封长度远大于单级的O形密封圈、格莱圈等成形密封件，而且，通过机械加压获得的压紧力可以很大，因此能够在超高压下保持很好的密封效果。如图4-16所示，井下采煤支架使用的超高压乳化液泵的柱塞单元就采用盘根密封，其工作压力可以达到45MPa以上，并能保持91%以上的容积效率。此外，填料函密封的填料量较大，使得其在恶劣工况下的可靠性较高，不易因密封件局部破损而导致密封部件的严重失效，能够用于环境恶劣、工作介质杂质多、运动部件行程长以及冲击振动多的场合中。如图4-17所示，游梁式抽油机的抽油杆就采用由专用的耐油橡胶盘根组成的填料函密封，俗称“盘根盒密封”。

另一方面，填料函密封中填料与轴杆间较大的压紧力也使得运动副的摩擦损失较大，所以机械效率较低。

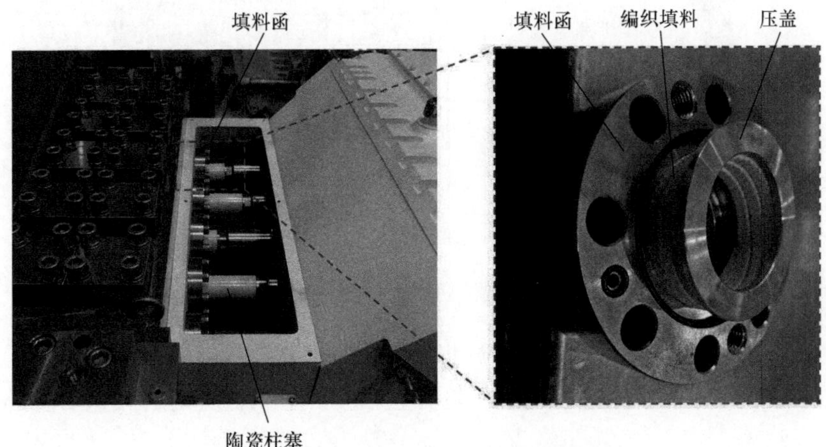

图4-16 超高压乳化液泵的填料函密封

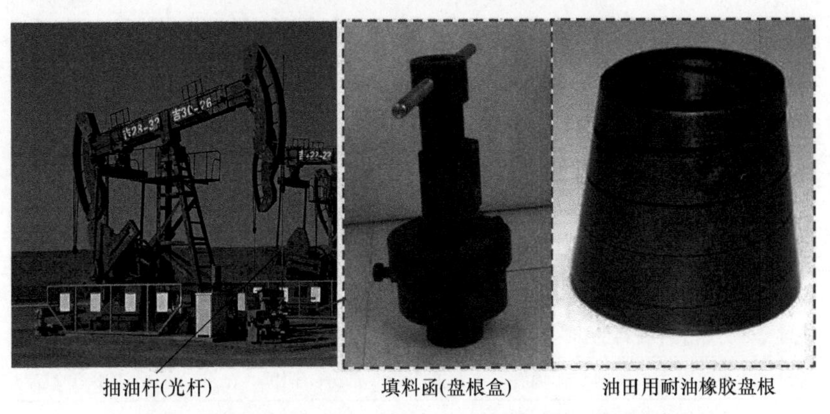

图4-17 游梁式抽油机（磕头机）抽油杆用盘根密封

4. 油封

油封是旋转轴用唇形密封圈的别称，用于安装在轴承或机械壳体轴端压盖上，防止润滑油、内壳油的泄漏，也可起到一定的防止外部灰尘、泥浆等杂质侵入的作用。径向柱塞泵用油封一般为“密封元件为弹性材料的旋转轴唇形密封圈”，如图4-18所示。该种油封的密封作用主要通过油封唇口实现，油封唇口在弹簧力作用下箍紧轴外圆柱面，中轴旋转时，唇口能够保持良好的密封状态，并能允许一定的偏心量。油封具有结构简单、体积小巧以及装拆方便等优点，但其密封压力较低，普通油封仅能承受0.05MPa（约0.5个大气压）的压力，高压油封的密封压力能够达到1.2MPa。

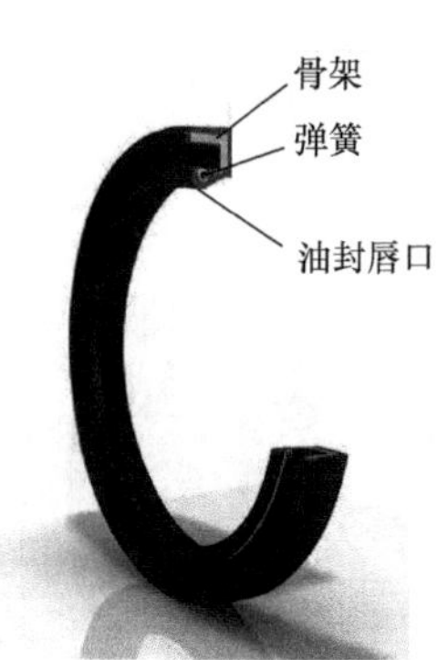

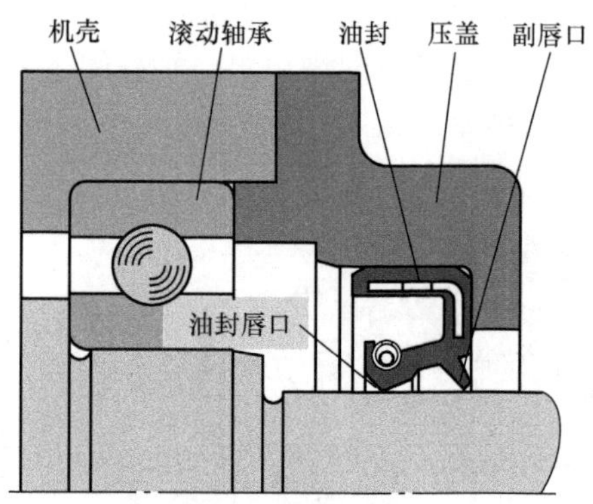

图 4-18 骨架油封结构及装配示意图[14]

为了保证油封的密封效果、互换性和可靠性，国家标准对其尺寸、公差、外观形貌、安装和拆卸方式以及性能试验方法做出了详细规定，相关国家标准见表4-4。

表 4-4 旋转轴唇形密封圈（油封）相关主要国家标准

序号	标准名称	编号—实施年
1	液压传动 旋转轴唇形密封圈设计规范	GB/T 9877—2008
2	密封元件为弹性体材料的旋转轴唇形密封圈 第 1 部分：基本尺寸和公差	GB/T 13871. 1—2007
3	密封元件为弹性体材料的旋转轴唇形密封圈 第 2 部分：词汇	GB/T 13871. 2—2015
4	密封元件为弹性体材料的旋转轴唇形密封圈 第 3 部分：贮存、搬运和安装	GB/T 13871. 3—2008
5	密封元件为弹性体材料的旋转轴唇形密封圈 第 4 部分：性能试验程序	GB/T 13871. 4—2007
6	密封元件为弹性体材料的旋转轴唇形密封圈 第 5 部分：外观缺陷的识别	GB/T 13871. 5—2015
7	旋转轴唇形密封圈外观质量	GB/T 15326—1994
8	密封元件为热塑性材料的旋转轴唇形密封圈 第 1 部分：基本尺寸和公差	GB/T 21283. 1—2007
9	密封元件为热塑性材料的旋转轴唇形密封圈 第 2 部分：词汇	GB/T 21283. 2—2007
10	密封元件为热塑性材料的旋转轴唇形密封圈 第 3 部分：贮存、搬运和安装	GB/T 21283. 3—2008
11	密封元件为热塑性材料的旋转轴唇形密封圈 第 4 部分：性能试验程序	GB/T 21283. 4—2008
12	密封元件为热塑性材料的旋转轴唇形密封圈 第 5 部分：外观缺陷的识别	GB/T 21283. 5—2008
13	密封元件为热塑性材料的旋转轴唇形密封圈 第 6 部分：热塑性材料与弹性体包覆材料的性能要求	GB/T 21283. 6—2015
14	旋转轴唇形密封圈 装拆力的测定	GB/T 34888—2017
15	旋转轴唇形密封圈 摩擦扭矩的测定	GB/T 34896—2017

5. 螺塞及其密封

螺塞是直接通过螺纹连接安装在液压部件表面螺孔上起封堵作用的静密封部件。液压泵壳体中部分流道需要通过机加工的方式制造，加工完毕后，这些外孔常采用螺塞封堵。螺塞按照其结构、应用场合以及工作压力可分为外六角螺塞、内六角螺塞、密封管螺纹螺塞、非密封管螺纹螺塞以及水用螺塞等，如图4-19所示。常见螺塞的工作压力最高可达63MPa，密封通径范围为M8～M60，螺塞的通径越大，其最高工作压力越低[15]，见表4-5。

图4-19　常见螺塞及其密封垫圈

表4-5　外六角和内六角螺塞的工作压力和试验压力

螺纹	外六角螺塞			内六角螺塞		
	最高工作压力/MPa	试验压力/MPa		最高工作压力/MPa	试验压力/MPa	
		爆破	脉冲		爆破	脉冲
M8×1	63	252	84	42	168	56
M10×1	63	252	84	42	168	56
M12×1.5	63	252	84	42	168	56
M14×1.5	63	252	84	63	252	84
M16×1.5	63	252	84	63	252	84
M18×1.5	63	252	84	63	252	84
M20×1.5	40	160	52	40	160	52
M22×1.5	63	252	84	63	252	84
M27×2	40	160	52	40	160	52
M30×2	40	160	52	40	160	52
M33×2	40	160	52	40	160	52
M42×2	25	100	33	25	100	33
M48×2	25	100	33	25	100	33
M60×2	25	100	33	25	100	33

螺塞安装时常常还需要通过与密封垫片（圈）配合使用，相关标准见表4-6，其中PN31.5意为压力等级为31.5MPa。

表 4-6　螺塞及其密封垫相关主要标准列表

序号	标准名称	编号—实施年
1	液压传动连接　带米制螺纹和 O 形圈密封的油口和螺柱端　第 4 部分：六角螺塞	GB/T 2878.4—2011
2	钢制管法兰用金属环垫　尺寸	GB/T 9128—2003
3	钢制管法兰用金属环垫　技术条件	GB/T 9130—2007
4	组合密封垫圈	JB/T 982—1977
5	阀门零部件 螺母 螺栓和螺塞	JB/T 1700—2008
6	55°非密封管螺纹内六角螺塞	JB/ZQ 4179—2006
7	水用螺塞垫圈	JB/ZQ 4180—2006
8	内六角螺塞（PN31.5）	JB/ZQ 4444—2006
9	55°密封管螺纹内六角螺塞（PN10）	JB/ZQ 4446—2006
10	60°密封管螺纹内六角螺塞（PN16）	JB/ZQ 4447—2006
11	外六角螺塞	JB/ZQ 4450—2006
12	55°非密封管螺纹外六角螺塞（PN16）	JB/ZQ 4451—2006
13	圆柱头螺塞	JB/ZQ 4452—2006
14	高压螺塞	JB/ZQ 4453—2006
15	螺塞用密封垫	JB/ZQ 4454—2006
16	外六角螺塞（PN31.5）	JB/ZQ 4770—2006

密封垫圈（片）通过由外力压紧产生的弹性或塑性变形填充密封工作面间的微小缝隙实现密封效果，按其材质可分为金属、非金属和组合密封垫圈三种。

非金属垫圈是指由橡胶、石棉、皮革以及合成树脂制成的垫圈（片）。在液压传动系统，一般非金属垫片以橡胶材质为主，且由于天然橡胶与矿物油相容性差，因此通常采用合成橡胶。常用材料包括：丁腈橡胶（NBR）、氯丁橡胶（CR）和氟橡胶（FKM），此外还包括聚四氟乙烯树脂（PTFE）。非金属垫片结构简单、易于根据密封面的形状定制，但其密封压力较低。

金属垫片是指由碳钢、合金钢、纯铜、铝以及不锈钢等制成的垫片（见图 4-19，纯铜密封垫）。由于金属硬度高且耐高温，因此适用于高温高压的密封场合，通常最高工作压力可达 42MPa[16]，工作温度可超过 500℃。特制的密封垫圈（空心金属 O 形圈）工作压力可达 500～1000MPa。

组合密封垫圈是由金属环和橡胶环复合而成的密封部件，又称半金属垫圈（片），如图 4-20 所示。橡胶环在安装状态下被压缩变形实现密封，外部金属环起到骨架作用，防止橡胶环变形溢出。组合密封垫具有使用方便、对密封表面加工精度要求低以及密封性好等优点，常用于液压缸、液压泵、马达等液压元件部件的管路连接口等处的密封。

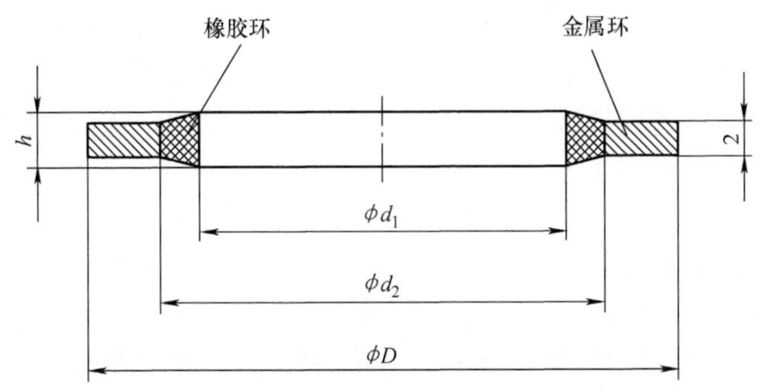

图4-20　组合密封垫圈结构示意图

在液压泵工艺孔的密封中，一般可选用组合密封垫，当压力超过40MPa或工作温度超过80℃时，可考虑采用金属密封垫。需要使用金属密封垫的表面，其表面粗糙度应高于 *Ra* 1.6μm。

4.2　径向柱塞泵的主要密封点

本节以一种偏心轮驱动的单向阀配流式径向柱塞泵的结构为例介绍径向柱塞泵内的密封[17-19]。如图4-21所示，泵内的密封点（泄漏点）主要包括：A柱塞密封、B轴端油封、C端盖密封（C1径向静密封、C2轴向静密封）、D压盖密封和E螺塞密封（工艺孔密封）等。其中A、B为动密封，C、D和E为静密封。在液压系统中，由于工作介质本身具有较好的润滑性，因此通常不需要专门加入润滑液

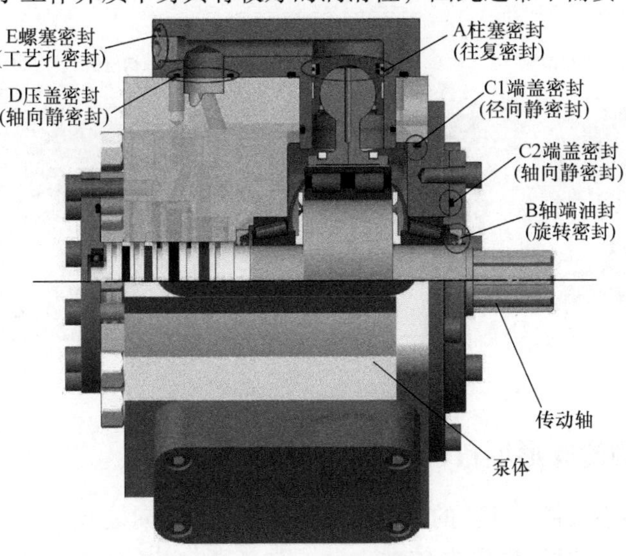

图4-21　偏心轮驱动的单向阀配流式径向柱塞泵

以降低运动副表面间的摩擦。在某些水液压系统，特别是高压系统中，由于水介质（纯水或高水基乳化液）的黏度较低，润滑性较差，为了改善系统传动的平顺性，提高机械效率和延长使用寿命，还需要加入润滑液。因此，在这些水介质液压泵中还需要考虑工作液和润滑液的隔离密封。

4.3 柱塞副的密封

柱塞泵的柱塞密封为往复动密封，常用密封方式包括间隙密封、成形填料密封和填料函密封。

4.3.1 柱塞副的间隙密封

如图 4-22 所示，柱塞外壁加工成光面，与柱塞腔内孔组成间隙配合装配。为降低滑动副的摩擦磨损，柱塞表面应具有较小的表面粗糙度值和较高的硬度，通常要求表面粗糙度为 Ra 0.2～0.5μm，硬度不低于 30HRC[1]。柱塞副配合间隙越小，配合长度越长，柱塞腔内高压油通过间隙的泄漏量越少，但因零件热变形、倾斜等因素导致的柱塞卡死风险也随之升高。因此，单侧配合间隙一般为 0.05～0.01mm（或柱塞直径的 0.1%～0.2%）[20,21]，为了改善柱塞的对中性，在大长径比柱塞靠近柱塞腔一侧通常还加工有均压槽。如图 4-23 所示，均压槽内储存有部分压力油液，其所产生的径向液压力能够起到对柱塞的静压支承作用。当柱塞出现偏斜时，间隙缩小一侧的均压槽腔的封闭性提高，压力升高，支承力增大，间歇增大一侧的均压槽的压力降低，液压支承力的合力方向与柱塞偏斜方向相反，能够起到自动辅助扶正的作用。

图 4-22 柱塞的间隙密封结构

4.3.2 柱塞副的成形填料密封

在一些采用小长径比柱塞的大排量、低转速高压径向柱塞泵中，通过配合间隙的泄漏量导致的容积效率损失较大。为了改善密封性能，常采用填料密封，如图 4-24所示。成形填料密封柱塞运动的线速度范围一般不高于 15m/s，因此在径

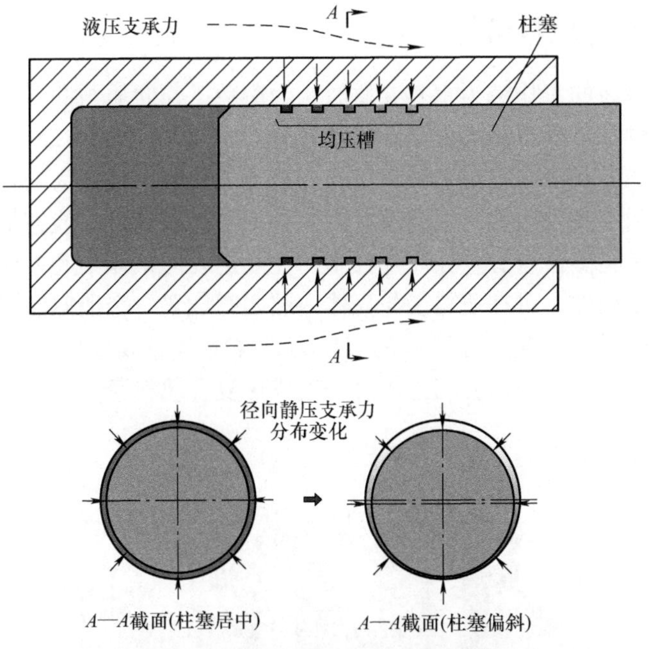

图 4-23　柱塞均压槽工作原理示意图

向柱塞泵的柱塞设计和校核时应当选用合理的工作参数，防止柱塞高速运动导致的密封失效和寿命缩短。为了改善柱塞的对中性，防止密封件偏磨，还常常采用由高强度耐磨塑料（聚甲醛等）制成的支撑环（也称导向环、耐磨环、耐磨带等）辅助柱塞对中，如图 4-24b 所示。在采用成形填料密封的柱塞副中，由于密封件材质硬度远低于柱塞腔体金属材料，为改善柱塞副润滑性，减缓密封件磨损速率，柱塞腔表面应具有较小的表面粗糙度值，通常要求 $Ra \leqslant 0.8\mu m$。

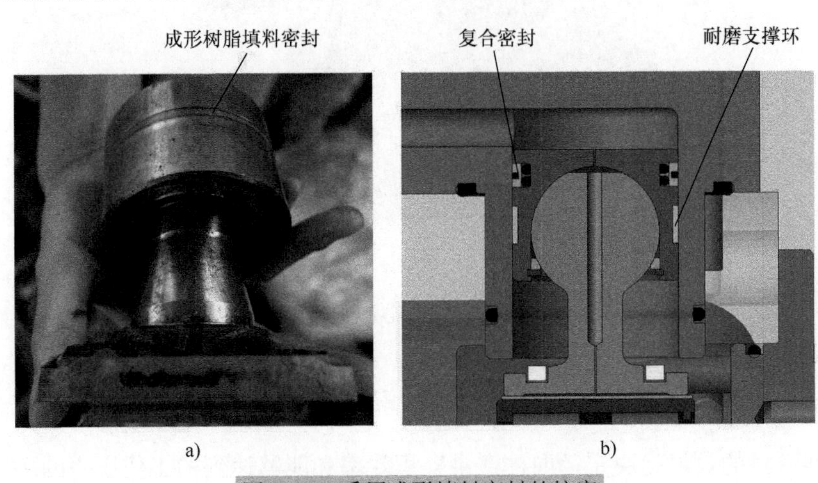

图 4-24　采用成形填料密封的柱塞

a）成形树脂填料密封　b）加耐磨支撑环的复合密封

4.3.3 柱塞副的填料函密封

当径向柱塞泵的工作液为水基介质时，为避免工作介质与润滑油混合导致工作液污染和润滑性能下降，泵内需设置介质隔离密封结构。图 4-25 所示为介质隔离的径向柱塞高压乳化液泵密封结构，工作介质为乳化液，柱塞为陶瓷材料，柱塞腔采用填料函密封。高预紧力压缩的填料函具有很高的密封性，能够最大限度地减少界面泄漏，但是仍然会有少量介质随柱塞的往复运动向泵体内腔方向泄漏。为了防止泄漏液进入泵内腔，可在填料函与壳体内腔之间设置一个泄漏液回收流道，使泄漏端卸压，失去进一步向内腔泄漏的液压力，并将泄漏液导出泵体外部并单独收集。此外，在回收流道与内腔间再增设一组成形复合填料密封，实现工作液与润滑液的双向隔离。

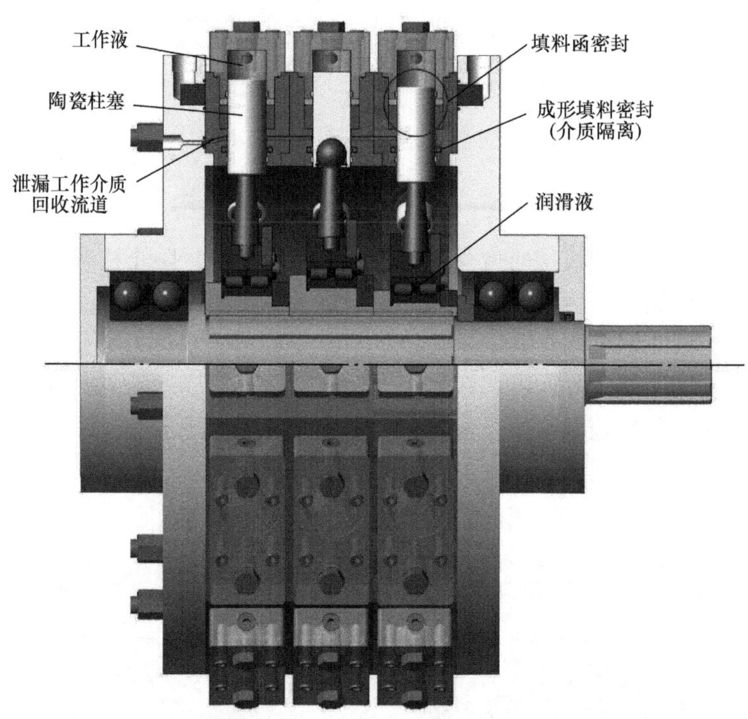

图 4-25　介质隔离的高压乳化液径向柱塞泵密封结构

4.3.4 液压往复运动密封件性能的试验方法

柱塞密封的效果是决定径向柱塞泵容积效率和能够达到的工作压力的决定性因素之一。为了确保密封件的密封性能试验结果的一致性和通用性，国家标准 GB/T

32217—2015《液压传动 密封装置 评定液压往复运动密封件性能的试验方法》规定了往复运动密封的标准试验条件和试验程序[22,23]。往复运动密封性能试验装置如图4-26所示，试验密封件（图中12和15）安装于专用的钢制槽体内，槽体压紧磷青铜材质制成的隔离套，将密封件轴向固定，往复运动活塞杆为钢基镀铬材质，表面抛光至$Ra0.08 \sim Ra0.15\mu m$，活塞杆行程为500mm±20mm，线速度分为0.05m/s、0.15m/s和0.5m/s三个等级，其径向由聚酯材质的支承环定位。试验装置中段通入压力油，压力等级分为：6.3MPa、16MPa、31.5MPa三个等级。试验介质采用满足GB/T 7631.2—2003《润滑剂、工业用油和相关产品（L类）的分类　第2部分：H组（液压系统）》规定的合成烃型液压油[24]，介质温度保持在60～65℃。试验装置起动并达到稳定状态后，活塞杆完成200000次/组的不间断循环往复运动（线速度为0.5m/s时，完成60000次/组），收集、测量每侧密封件的泄漏量，并记录恒定压力下的摩擦力。为了减小测量误差，每一类型密封件应至少完成6组试验。试验记录表和泄漏量特性曲线见表4-7和图4-27。

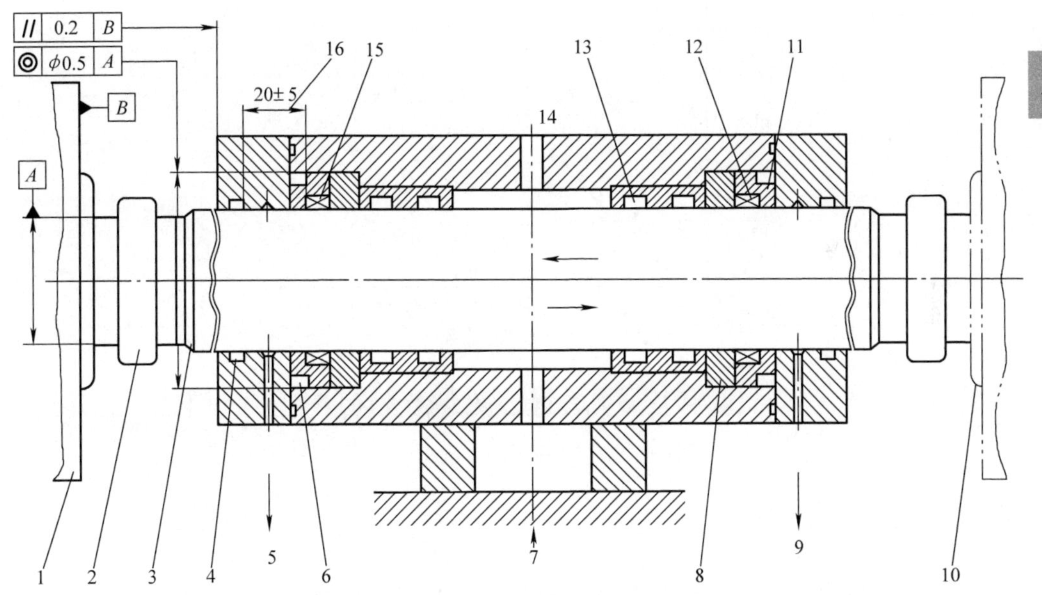

图4-26　往复密封试验装置示意图[22]

1—线性驱动器　2—测力传感器　3—试验活塞杆　4—防尘圈　5—泄漏测量口1　6—O形密封圈和挡圈　7—流体入口　8—隔离套　9—泄漏测量口2　10—可选的驱动器和测力传感器安装位　11—试验密封件槽体　12—试验密封件B　13—支承环　14—流体出口　15—试验密封件A　16—泄漏收集区

表 4-7 往复运动密封性能试验记录表

<table>
<tr><td colspan="3">单位：</td><td colspan="4">试验员：</td><td colspan="3">装置编号：</td><td colspan="2" rowspan="2">试验序号：</td></tr>
<tr><td colspan="3">速度/(m/s)：</td><td colspan="4">压力/MPa：</td><td colspan="3">行程:500mm</td></tr>
<tr><td colspan="3">试验活塞杆编号：</td><td colspan="4">活塞杆供应商：</td><td colspan="3">活塞杆表面粗糙度：
校准日期：</td><td colspan="2">活塞缸直径/mm：</td></tr>
<tr><td rowspan="2">日期</td><td rowspan="2">计时器</td><td rowspan="2">试验小时</td><td rowspan="2">周期</td><td rowspan="2">距离/km</td><td rowspan="2">压力/MPa</td><td rowspan="2">温度</td><td colspan="2">累计泄漏量/mL</td><td rowspan="2">密封件动摩擦力均值/N</td><td rowspan="2">启动摩擦力均值/N</td><td rowspan="2">备注</td></tr>
<tr><td>密封件A</td><td>密封件B</td></tr>
<tr><td>……</td><td></td><td></td><td></td><td></td><td></td><td></td><td></td><td></td><td></td><td></td><td></td></tr>
<tr><td>……</td><td></td><td></td><td></td><td></td><td></td><td></td><td></td><td></td><td></td><td></td><td></td></tr>
</table>

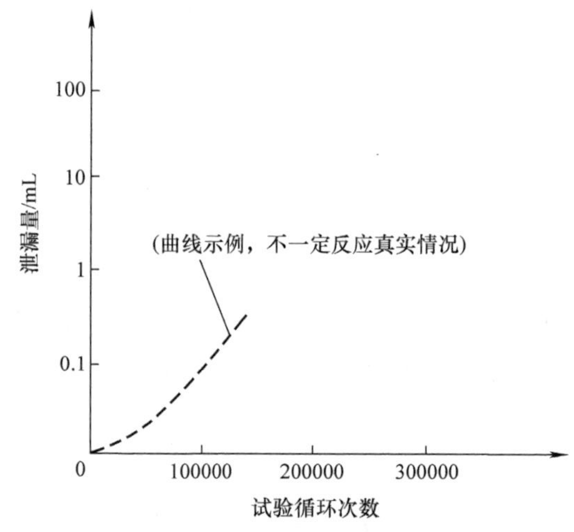

图 4-27 泄漏量与试验循环次数关系曲线

4.4 泵体密封

如图 4-21 所示，泵体密封包括柱塞压盖及流道处的密封 D、泵端盖密封 C1、轴段压盖密封 C2 以及轴端油封 B 等，是泵内数量和种类最多，总密封长度最长的密封，对保障泵的输出特性、可靠性以及环保性能具有重要影响。其中轴端油封为动密封，其他密封为静密封。

柱塞压盖一般可采用 O 形密封圈密封，合理设计的 O 形密封圈密封能够在高达 100MPa 的工作压差下实现几乎无泄漏。在某些低压工况下可选用非金属垫片密封，但在高压、交变压力工况下采用垫片存在较高的失效风险。如图 4-28 所示，某汽车换挡箱体采用石棉垫片密封，结构简单，安装方便，成本低廉，由于箱体内无油液压力，因此能够实现可靠、有效密封；而某泥浆泵试验样机采用5mm厚耐油橡胶垫片对工作腔密封，短时工作后密封即失效。其原因是，在较高压力的交变压力下，橡胶密封垫发生弹性形变，当材料被拉伸出压紧处后，难以回复初始形态，多次工作后，压紧处材料逐渐被拉出，导致无法形成完整的闭合密封线，从而使密封失效，同时，密封垫产生不可复原的形变，无法重复使用。

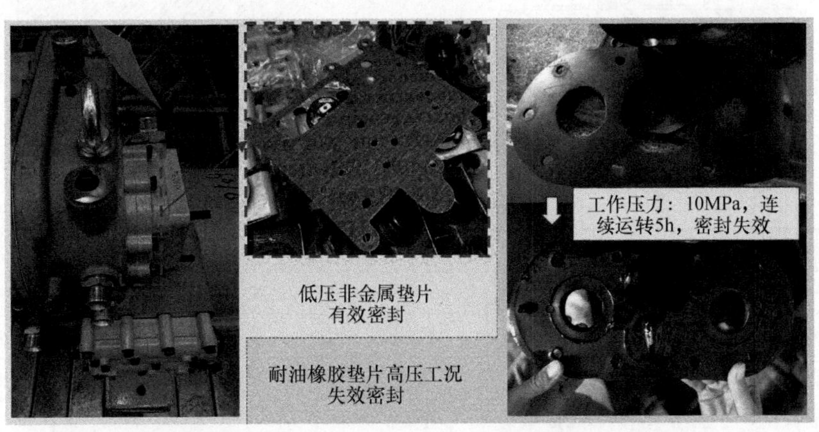

图4-28　交变压力工况下耐油橡胶垫片密封失效案例

泵体及压盖等组件上的工艺孔一般采用螺塞密封。密封通径范围为M8～M60，工作压力最高可达63MPa。

与柱塞压盖相同，泵端盖、轴端压盖等静密封通常也采用O形密封圈密封。如图4-5所示，O形密封圈密封可分为轴向密封（平面密封）和径向密封（柱面密封）。相较于径向密封，轴向密封装配更方便，预压缩量更大。如图4-29所示，在径向密封装配状态下，O形密封圈压缩后的截面高度为t（即沟槽的径向深度）；轴向密封装配状态下，O形密封圈压缩后的截面高度为h（即沟槽的轴向深度）。国家标准GB/T 3452.3—2005《液压气动用O形橡胶密封圈　沟槽尺寸》对两种静液压密封装配形式的沟槽尺寸做了规定，见表4-8[25]。5种标准规格的O形密封圈在安装状态下有不同程度的预压缩量，它们的安装沟槽深度为密封圈截面直径的71%～84%，即O形密封圈的压缩百分比为16%～29%。所有O形密封圈在轴向密封装配状态下的压缩量均高于径向密封装配，压缩量绝对差值为0.03～0.15mm，压缩百分比差值为1%～4%。更大的压缩量使得轴向装配的密封性能要优于径向密封。因此，在进行液压静密封设计时，应尽量采用轴向密封替代径向密封。以轴向静密封取代径向静密封的结构优化如图4-30所示，初始设计和优化设计均能实现对环槽①与环槽②间的隔离密封，但是将柱面密封改为平面密封后能够增加O形密封圈的预压缩量，提高密封性能，且能够降低装配难度和O形橡胶密封圈在装配时被零件刃口割伤的风险。另一方面，需要注意是：轴向密封在装配时，由于O形密封圈无固定，因此易脱落，安装时务必小心谨慎，确保装配正确。

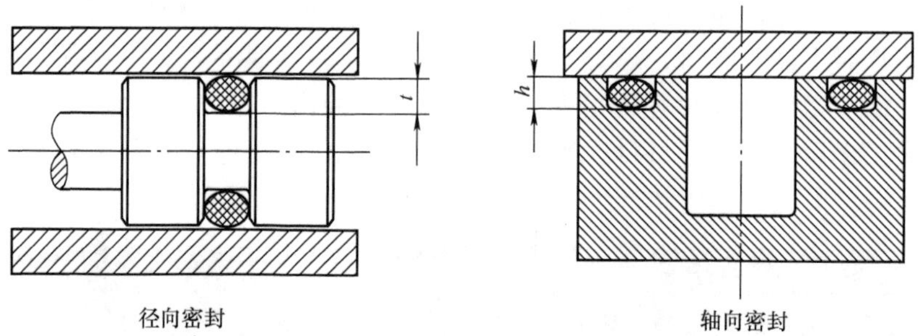

图4-29　径向密封和轴向密封的槽深（密封圈装配后的高度）

表4-8　径向与轴向液压静密封沟槽尺寸对比表[26]　(mm)

O形密封圈截面直径 d	1.80	2.65	3.55	5.30	7.00
径向液压静密封沟槽深度 t	1.32	2	2.9	4.31	5.85
轴向液压静密封沟槽深度 h	1.28	1.97	2.75	4.24	5.72
压缩差值 Δh	0.04	0.03	0.15	0.07	0.13
压缩百分比差值 $\Delta h/d$	2%	1%	4%	1%	2%

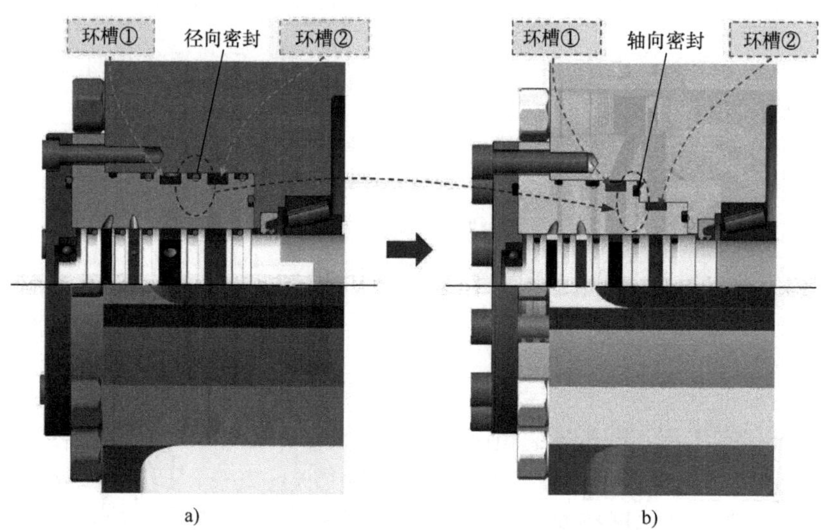

图4-30　以轴向静密封取代径向静密封的结构优化

a）初始设计　b）优化设计

参考文献

[1] 张绍九. 液压密封 [M]. 北京：化学工业出版社，2012.

[2] 魏龙，冯秀. 化工密封实用技术 [M]. 北京：化学工业出版社，2011.

[3] 李新华. 密封元件选用手册 [M]. 北京：机械工业出版社，2010.

[4] 冯子明. 过程装备密封技术 [M]. 北京：中国石化出版社，2015.

[5] 许贤良，韦文术. 液压缸及其设计 [M]. 北京：国防工业出版社，2011.

[6] 闻邦椿. 润滑与密封 [M]. 北京：机械工业出版社，2015.

[7] 全国液压气动标准化技术委员会. 流体传动系统及元件　公称压力系列：GB/T 2346—2003 [S]. 北京：中国标准出版社，2004.

[8] 全国液压气动标准化技术委员会. 机械密封名词术语：GB/T 5894—2015 [S]. 北京：中国标准出版社，2016.

[9] PARKER HANNIFIN. Seals and O - Rings [EB/OL]. (2015 - 12 - 15) [2021 - 10 - 26]. https：//ph. parker. com/us/en/seals - and - o - rings.

[10] 张峰，冀宏，熊庆辉，等. 非理想形貌 O 形圈的密封性能分析 [J]. 液压气动与密封，2015，35 (10)：14 - 16 + 19.

[11] 窦志伟，李俊昇. 某型飞机用 O 形密封圈工艺稳定性研究 [J]. 航空标准化与质量，2008，226 (04)：29 - 33.

[12] TRELLEBORG GROUP. Turcon ® Glyd Ring ® and Turcon ® Stepseal ® 2K [EB/OL]. (2021 - 04 - 26) [2021 - 10 - 30]. https：//www. trelleborg. com/.

[13] 庞洵. 往复式柱塞泵密封结构研究 [J]. 中国设备工程，2020 (06)：94 - 95.

[14] TRELLEBORG GROUP. Radial Oil Seal [EB/OL]. (2021 - 04 - 30) [2021 - 10 - 26]. https：//www. trelleborg. com/.

[15] 全国液压气动标准化技术委员会. 液压传动连接　带米制螺纹和 O 形圈密封的油口和螺柱端　第 4 部分：六角螺塞：GB/T 2878. 4—2011 [S]. 北京：中国标准出版社，2012.

[16] 全国管路附件标准化技术委员会. 钢制管法兰用金属环垫技术条件：GB/T 9130—2007 [S]. 北京：中国标准出版社，2008.

[17] 郭桐，罗涛，林添良，等. 采用液控单向阀配流的径向柱塞液压装置及工作方法：202110436942. 4 [P]. 2021 - 4 - 22.

[18] 郭桐，罗涛，林添良，等. 转轴控制的液控单向阀配流径向柱塞液压装置：202110885537. 0 [P]. 2021 - 08 - 03.

[19] 郭桐，罗涛，林添良，等. 端面控制的液控单向阀配流径向柱塞液压装置及工作方法：202110925909. 8 [P]. 2021 - 08 - 12.

[20] 王克龙. 轴向柱塞泵柱塞副微运动及润滑油膜的特性研究 [D]. 哈尔滨：哈尔滨工业大学，2019.

[21] 张哲，童桂英，王立帮，等. 基于 ANSYS 柱塞副配合间隙的仿真分析与试验验证 [J]. 机床与液压，2021，49 (10)：38 - 42.

[22] 全国液压气动标准化技术委员会. 液压传动　密封装置　评定液压往复运动密封件性能的试验方法：GB/T 32217—2015 [S]. 北京：中国标准出版社，2017.

[23] International Organization for Standardization. Hydraulic fluid power – Sealing devices – Standard test methods to assess the performance of seals used in oil hydraulic reciprocating applications: ISO 7986: 1997 [S]. Geneva, Switzerland: International Organization for Standardization, 1997-07.

[24] 中国石油化工股份有限公司石油化工科学研究院. 润滑剂、工业用油和相关产品（L类）的分类 第2部分：H组（液压系统）：GB/T 7631.2—2003 [S]. 北京：中国标准出版社，2003.

[25] 全国橡胶与橡胶制品标准化技术委员会. O形橡胶密封圈试验方法：GB/T 5720—2008 [S]. 北京：中国标准出版社，2008.

[26] 全国液压气动标准化技术委员会. 液压气动用O形橡胶密封圈 沟槽尺寸：GB/T 3452.3—2005 [S]. 北京：中国标准出版社，2006.

第 5 章

径向柱塞泵的计算机仿真

径向柱塞泵技术的理论基础跨流体力学、理论力学、材料力学、机械原理和控制工程等多个学科。随着工业技术的不断升级，人们对径向柱塞泵的需求朝着更高的压力、排量、容积效率和更低冲击和波动的方向发展。开展径向柱塞泵的设计和研制工作，除了要求研究人员具有较为丰富的理论知识储备外，还需要具有充足的实验知识和经验。

传统的液压泵技术研究和改进的方法以结构设计、优化和实验研究为主。人们通过提出传动性能更好、容积效率更高的机构以及采用新的机体材料或流体介质来不断提高液压泵的工作能力。在 20 世纪及以前的工业发展历程中，人们通过大量的实验研究，积累了丰富的实践经验，定型了多种液压泵的基本构型。但是液压泵的设计和优化一方面随着学者对流体流动规律认识的不断深入而改进，另一方面也受到传统的实验研究方法高成本、长周期和低效的限制。

20 世纪 60 年代以来，随着计算机技术的崛起，包括计算流体力学、有限元分析以及复杂系统建模分析等在内的计算机仿真研究方法逐步形成并快速发展。计算机仿真技术的使用大大加快了流体机械等装置、装备的研发速度，且研发费用投入降至传统研究方法的 10% 以下，与此同时，研究水平和研究深度也被大幅提高了。

理论研究、仿真分析和实验研究是今天的学者开展径向柱塞泵技术研究的三种方法。如图 5-1 所示，理论研究方法是指通过分析和归纳建立描述液压泵内流体流动状态、输入输出压力、流量等性能参数的数学模型，以及基于模型对液压泵的工作机制、机理开展分析和研究的方法；仿真方法是指基于基本理论模型，考虑液压泵的工作条件，在计算机仿真环境建立液压泵模型并开展虚拟实验，从而预测液压泵的工作特性和优化液压泵的设计参数的研究方法；实验方法是指以实验探究或验证为目的，制造出实验部件或实验样机，在所搭建的实验环境中，按照一定的操作程序开展实验、记录实验数据并归纳总结结论的研究方法。三种方法从不同的角度为研究人员提供研究数据和资料，起到相互补充、相互配合、相互印证或修正的作用。随着计算机技术的飞速发展，计算机仿真分析方法的精度和效率有了飞跃性的提高，在液压泵的设计和优化中发挥的作用越来越重要，已经成为研究中的核心和关键技术，因此，了解和掌握计算机仿真分析技术是十分必要的。

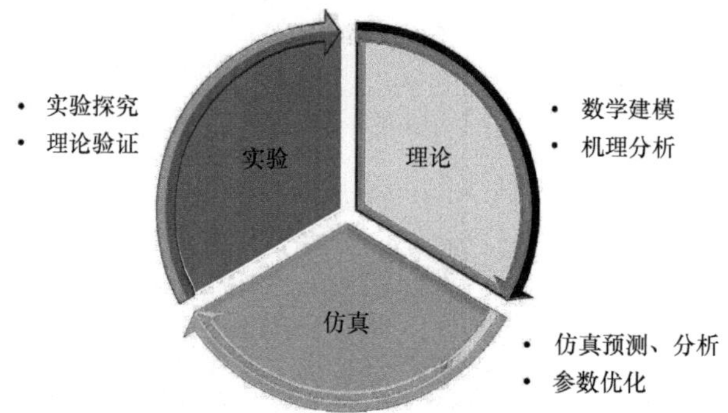

图 5-1　液压传动技术的三种研究方法

在径向柱塞泵的设计和研发中，主要采用的仿真技术包括：多体动力仿真、结构强度分析、计算流体力学（Computational Fluid Dynamic，简称 CFD）流场分析和液压系统分析。其中多体动力仿真是对其机械部件的运动和动力学性能进行仿真分析，研究其在工作状态下的传动特性和动力学特性；结构强度分析主要是研究液压泵内各部件在额定工况和最大负载下的应力、应变特性，以及整机的振动模态特性，通常作为液压泵结构力学性能的校核手段；流场分析是基于流体力学控制方程对泵内流场流体力学行为的研究，用于获取泵工作时内部液流的压力、流速和温度的分布及其动态变化情况；液压系统分析是从系统的角度研究液压泵内各部件的运动、动力状态与液流的压力、流速及其与负载的动态相互作用。液压泵的运动、强度分析和模态分析主要用于液压泵的轻量化设计和制造工艺的优化等。流场分析和液压系统分析主要研究液压泵的工作能力和输出流量品质等工作特性，是液压泵型式设计的重要手段。本章由流体力学理论发展历程入手，分别基于主流的计算机仿真分析软件 ANSYS Fluent 和 AMESim，介绍径向柱塞泵的流场仿真和液压系统仿真研究方法。

5.1　流体力学理论基础

5.1.1　流体力学理论的发展历程

人们对流体行为的研究可以追溯到两千多年前。约公元前 250 年，阿基米德（约公元前 287—公元前 212）发现了浮力定律，踏出了人类研究流体力学的第一步[1, 2]。囿于当时人们知识水平和研究方法的限制，在此后长达一千多年的时间内，虽然有一些利用流体的简单工具和机械被发明出来，流体力学的理论却并无进展。经过了漫长的沉寂之后，直到达·芬奇（1452—1519）在他的著作中谈起鸟的飞行原理、血液的流动，才又重新拉开了流体力学研究的帷幕[3]。继达·芬奇之后，伽利略（1564—1642）利用液体的静压平衡原理，发明了一种精确的静压天平，并在其著作《The little balance（La Balancitta）》中阐释了它的工作原理[4]。与当时的传统天平相比，伽利略的新发明能够获得更高的测量精度。伽利略的助手托里拆利（1608—1647）发现了空气重力与气压之间的联系，并据此发明了气压计[5]。此后，帕斯卡（1623—1662）又在托里拆利所提出理论的基础上进行了大量的实验，对流体静力学进行了深入的研究，进而提出了著名的帕斯卡定律，奠定了流体静力学的基础[1]。图 5-2 所示为自达·芬奇时代之后的流体力学理论的发展历程。

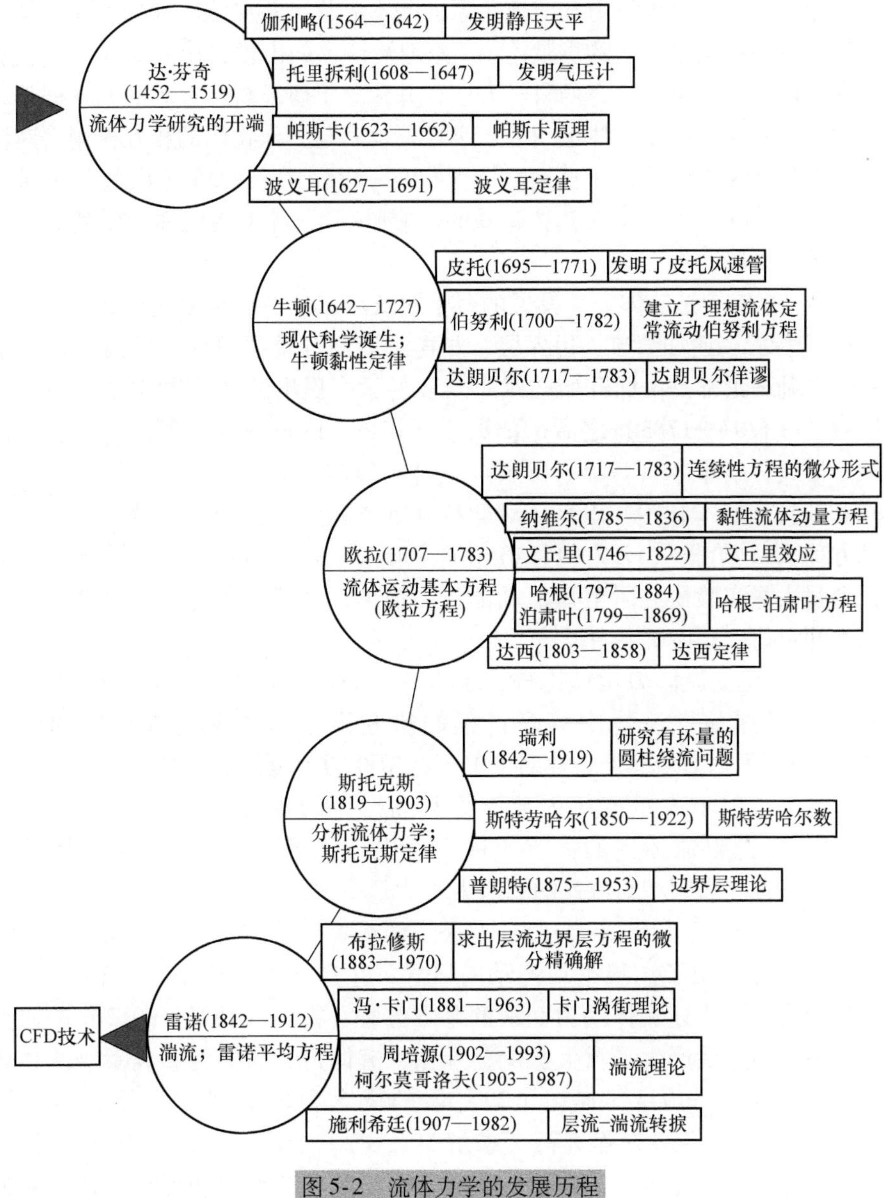

图 5-2　流体力学的发展历程

17 世纪后半叶到 18 世纪前半叶是流体力学发展的一个重要时期，牛顿（1642—1727）的代表作《自然哲学的数学原理》（后文简称《原理》）的问世，奠定了包括流体力学在内的经典力学的理论基础，引领了这一时期流体力学理论的发展，诸多流体力学的基本学说就是在这一时期被提出的[6,7]。在《原理》一书中，牛顿建立了黏性流体的最基本的数学模型——牛顿流体。数学家、工程师皮托（1695—1771）对流动液体内驻点的压力状态进行了研究，提出了通过测量液流压差来计算流速的方法，并据此发明了皮托风速管[8]。伯努利（1700—1782）基于能量守恒原理建立了流体压力和流速关系的基本方程，并在测压计的发明、流体动力的利用等方面做出了重要的贡献[8]。《原理》一书的出现，使人们第一次拥有了可以用来对流体力学进行研究的科学方法，并建立了研究流体运动的基本框架，但是书中的讨论主要集中于流体运动的宏观现象及其与其他物体的相互作用，对流动微观机制的研究还不够深入。直到欧拉（1707—1783）于 1755 年出版了《微分学原理》，又于 1775 年发表了《流体运动的一般原理》，才使得流体力学的研究又迈向了一个新的阶段[6, 9]。

18 世纪 50 年代是流体力学发展的一个跳跃点，它以欧拉建立理想流体的连续性方程[9]为标志。诸如湍流、边界层、非连续表面等重要概念，以及现代流体力学的一些基础理论都是由此开始陆续被众多科学家提出的[6]。其中最重要的成就包括继欧拉（1707—1783）之后达朗贝尔（1717—1783）进一步推导了连续性方程的微分形式；纳维尔（1785—1836）、泊松（1781—1840）、圣 · 维南（1797—1886）和斯托克斯（1819—1903）对欧拉基本方程做了拓展，推导出了黏性流体的运动方程[10]；哈根（1797—1884）、泊肃叶（1799—1869）以及达西（1803—1858）通过大量实验研究了液体流动的压力损失，并基于实验结果分别提出了哈根 - 泊肃叶定律[11]和达西定律[12]。

进入 19 世纪，流体力学理论得到了进一步的发展。斯托克斯（1819—1903）根据其对粒子在黏性流体中沉降过程的研究推导出了斯托克斯定律；瑞利（1842—1919）根据对流体层内热对流的不稳定性的大量研究，提出了一个无量纲数——瑞利数，用于表示流体内部浮力和黏性力的相对大小[13]；斯特劳哈尔（1850—1922）对阻流体后的涡旋脱落现象进行了研究，并提出了斯特劳哈尔数——描述涡旋分离频率与流速的相对大小[14]。

19 世纪末，雷诺（1842—1912）发表了两篇关于湍流的重要论文，他基于对湍流的实验研究提出了湍流平均流动的概念，并建立了雷诺平均方程[15,16]，此外，雷诺还建立了描述流体动力润滑的基本方程。雷诺（1842—1912）的研究对工程流体力学的发展产生了重大影响，开创了流体力学研究的新篇章。继雷诺之后，普朗特（1875—1953）提出了边界层的概念和理论[10]，其后，布拉修斯（1883—1970）对边界层方程进行了求解[17]；冯 · 卡门（1881—1963）对层流、湍流以及边界层等问题进行了大量的研究，提出了包括卡门涡街在内的一系列理论[18, 19]；周培源（1902—1993）[20]和柯尔莫哥洛夫（1903—1987）[21, 22]又分别在前人的基础上进一步发展了湍流理论；施利希廷（1907—1982）则在普朗特（1875—1953）创立的边界层理论上做了广泛的研究，特别是其对边界层转捩现象的研究具有重大价值[23]。

流体力学的理论成果为人们分析流体行为和设计流体机械奠定了基础，并提供了系统性的研究框架。而且，理论模型采用数学公式作为表达方式，由于数学本身所具有的严谨性和自洽性，确保了流体力学基本理论体系的正确性。

5.1.2 流体力学三大守恒方程

流体力学的三大守恒方程是指质量守恒方程、动量守恒方程和能量守恒方程。它们是针对在流场中选取的控制体（图5-3）建立的描述流体的质量、动量和能量变化和传递的数学模型。

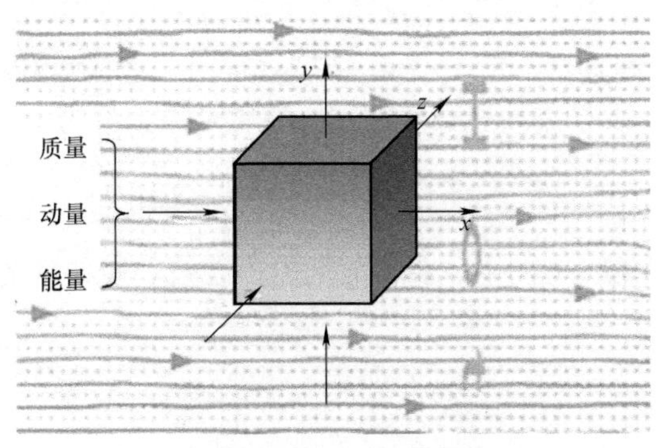

图5-3 流场中的控制体

上述控制体有两个主要特点：①控制体的形状可以任意选定，但是在被选定后，其位置和形状均固定不变，不受流体运动的影响；②流体可以穿过控制体的表面，因此，控制体与外界存在质量、动量和能量的交换[24]。

1. 质量守恒方程（连续性方程）

质量守恒定律是宏观世界的基本定律之一，在流体力学中表现为流体的质量在流动过程中既不会凭空产生，也不会无端消失，因此质量守恒方程又称为连续性方程。

质量守恒方程的具体形式取决于所选取的控制体形状，常见的控制体包括六面体、圆柱体和球体。

本章以直角坐标系下的六面体微元控制体为例推导连续性方程。在某流体区域内选取图5-4所示的六面体微元，控制体的边长分别为 dx、dy 和 dz，控制体的密度为 ρ，则控制体的质量为

$$M=\rho V=\rho \mathrm{d}x\mathrm{d}y\mathrm{d}z \tag{5-1}$$

由于控制体的体积很小，因此可将其各个面上的流动视为为均匀流动。设流体沿 x、y 和 z 方向的流速分别为 u、v 和 w。

以 x 方向为例，由控制体左侧面进入控制体的质量流量为

$$q_x = \rho u \mathrm{d}y\mathrm{d}z \tag{5-2}$$

将 q_x 在 $x+\mathrm{d}x$ 处利用泰勒公式展开并略去 $\mathrm{d}x$ 的高阶无穷小，可得由控制体右侧面流出的质量流量为

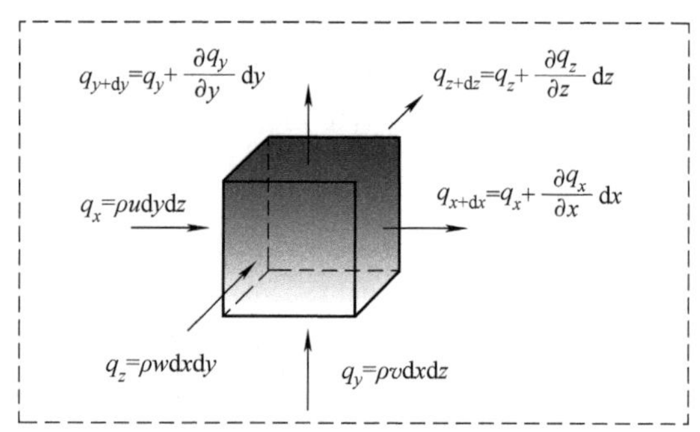

图 5-4　直角坐标系下的质量守恒

$$q_{x+\mathrm{d}x} = q_x + \frac{\partial q_x}{\partial x}\mathrm{d}x = q_x + \frac{\partial(\rho u)}{\partial x}\mathrm{d}x\mathrm{d}y\mathrm{d}z \tag{5-3}$$

联立式（5-2）和式（5-3）可得：在 x 方向上，控制体内流体的净流出质量流量，即单位时间内由于流动导致的控制体的质量减少量为

$$q_{x+\mathrm{d}x} - q_x = \frac{\partial q_x}{\partial x}\mathrm{d}x = \frac{\partial(\rho u)}{\partial x}\mathrm{d}x\mathrm{d}y\mathrm{d}z \tag{5-4}$$

同理可得，在 y 和 z 方向上，单位时间内由于流动所导致的控制体的质量减少量为

$$q_{y+\mathrm{d}y} - q_y = \frac{\partial q_y}{\partial y}\mathrm{d}y = \frac{\partial(\rho v)}{\partial y}\mathrm{d}x\mathrm{d}y\mathrm{d}z \tag{5-5}$$

$$q_{z+\mathrm{d}z} - q_z = \frac{\partial q_z}{\partial z}\mathrm{d}z = \frac{\partial(\rho w)}{\partial z}\mathrm{d}x\mathrm{d}y\mathrm{d}z \tag{5-6}$$

式（5-4）~式（5-6）之和即为在三个方向上，单位时间（$\mathrm{d}\tau$）内由于流动导致的控制体质量的减少量，即

$$-\frac{\mathrm{d}M}{\mathrm{d}\tau} = \left[\frac{\partial(\rho u)}{\partial x} + \frac{\partial(\rho v)}{\partial y} + \frac{\partial(\rho w)}{\partial z}\right]\mathrm{d}x\mathrm{d}y\mathrm{d}z \tag{5-7}$$

将式（5-1）在 $\tau+\mathrm{d}\tau$ 时刻用泰勒级数展开并略去 $\mathrm{d}\tau$ 的高阶无穷小量，可得 $\tau+\mathrm{d}\tau$ 时刻控制体的质量为

$$M_{\tau+\mathrm{d}\tau} = M_\tau + \frac{\partial M_\tau}{\partial \tau}\mathrm{d}\tau = M_\tau + \frac{\partial \rho}{\partial \tau}\mathrm{d}x\mathrm{d}y\mathrm{d}z\mathrm{d}\tau \tag{5-8}$$

于是，将式（5-8）移项变形也可以得到单位时间内，控制体的质量减少量为

$$-\frac{\partial M}{\partial \tau} = \frac{M_\tau - M_{\tau+\mathrm{d}\tau}}{\mathrm{d}\tau} = -\frac{\partial \rho}{\partial \tau}\mathrm{d}x\mathrm{d}y\mathrm{d}z \tag{5-9}$$

联立式（5-7）和式（5-9）可得：

$$\frac{\partial \rho}{\partial \tau} + \frac{\partial(\rho u)}{\partial x} + \frac{\partial(\rho v)}{\partial y} + \frac{\partial(\rho w)}{\partial z} = 0 \tag{5-10}$$

式（5-10）即为直角坐标系下流体的连续性方程的微分形式。式（5-10）还可利用劈形算子（Nabla 算子）变形为向量形式，即式（5-11）：

$$\frac{1}{\rho}\ \frac{\mathrm{d}\rho}{\mathrm{d}\tau}+\nabla\cdot v=0 \tag{5-11}$$

式中：$\nabla=\frac{\partial}{\partial x}\boldsymbol{i}+\frac{\partial}{\partial y}\boldsymbol{j}+\frac{\partial}{\partial z}\boldsymbol{k}$。

类似地，在圆柱坐标系和球坐标系下，分别选取柱壳微元或球壳微元（见图5-5），可得圆柱坐标系下的连续性方程式（5-12）和球坐标系下的连续性方程式（5-13）[也可通过坐标变换，由式（5-11）直接推导出圆柱坐标系下的连续性方程式（5-12），推导过程见附录B]。

$$\frac{\partial\rho}{\partial\tau}+\frac{\rho v_r}{r}+\frac{\partial(\rho v_r)}{\partial r}+\frac{1}{r}\ \frac{\partial(\rho v_\theta)}{\partial\theta}+\frac{\partial(\rho v_z)}{\partial z}=0 \tag{5-12}$$

$$\frac{\partial\rho}{\partial\tau}+\frac{1}{r\sin\theta}\ \frac{\partial(\rho v_\theta\sin\theta)}{\partial\theta}+\frac{1}{r\sin\theta}\ \frac{\partial(\rho v_\varphi)}{\partial\varphi}+\frac{1}{r^2}\ \frac{\partial(\rho v_r r^2)}{\partial r}=0 \tag{5-13}$$

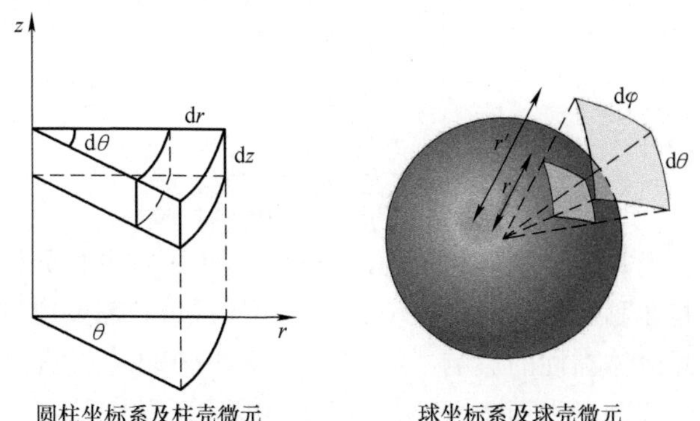

图5-5 柱壳微元和球壳微元

2. 动量守恒方程

流体内各质点和微团运动满足动量定理，即：

$$\sum F=\frac{\mathrm{d}}{\mathrm{d}t}(mu) \tag{5-14}$$

假设流体无黏性，对于图5-6所示的六面体流体微元控制体，在 x 方向上有

$$X\rho\mathrm{d}x\mathrm{d}y\mathrm{d}z+\left(p-\frac{1}{2}\ \frac{\partial p}{\partial x}\mathrm{d}x\right)\mathrm{d}y\mathrm{d}z-\left(p+\frac{1}{2}\ \frac{\partial p}{\partial x}\mathrm{d}x\right)\mathrm{d}y\mathrm{d}z$$

$$=\rho\mathrm{d}x\mathrm{d}y\mathrm{d}z\ \frac{\mathrm{d}u_x}{\mathrm{d}t} \tag{5-15}$$

化简得

$$X-\frac{1}{\rho}\ \frac{\partial p}{\partial x}=\frac{\mathrm{d}u}{\mathrm{d}t} \tag{5-16}$$

式中　X——单位质量力在 x 方向上的分量；

ρ——控制体的平均密度；

p——微元控制体中心点 (x,y,z) 处在某一时间 t 的压力。

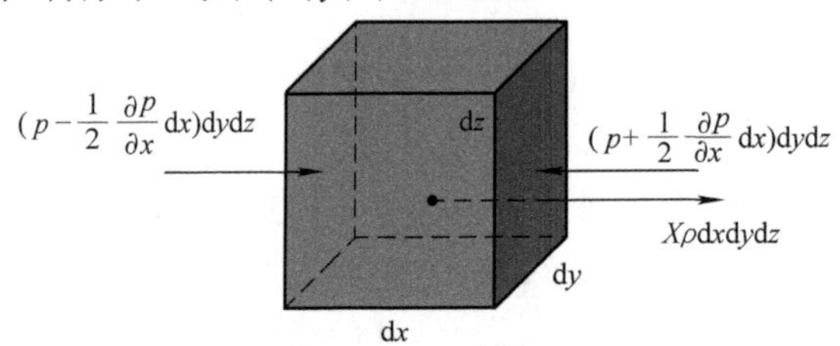

图 5-6　流体微元控制体在 x 方向的作用力

类似地，可以得到其他两个方向上动量方程，它们与式（5-16）构成了无黏流体的动量微分方程，该方程由瑞士数学家欧拉（1707—1783）提出，因此又称为“欧拉方程”。

$$\begin{cases} X-\dfrac{1}{\rho}\dfrac{\partial p}{\partial x}=\dfrac{\mathrm{d}u}{\mathrm{d}t} \\ Y-\dfrac{1}{\rho}\dfrac{\partial p}{\partial y}=\dfrac{\mathrm{d}v}{\mathrm{d}t} \\ Z-\dfrac{1}{\rho}\dfrac{\partial p}{\partial z}=\dfrac{\mathrm{d}w}{\mathrm{d}t} \end{cases} \tag{5-17}$$

在自然界中，无黏流体是不存在的，因此，利用欧拉方程分析流体的运动是存在偏差的，特别是在黏性作用的影响较大的附面层区域，需要通过实验来修正。

为了计入实际流体黏性的影响，纳维尔（1785—1836）、泊松（1781—1840）、圣·维南（1797—1886）和斯托克斯（1819—1903）对欧拉基本方程做了拓展，推导出了不可压缩黏性流体的运动方程，又称“N－S 方程”[25]：

$$\begin{cases} X-\dfrac{1}{\rho}\dfrac{\partial p}{\partial x}+\nu\Delta u=\dfrac{\mathrm{d}u}{\mathrm{d}t} \\ Y-\dfrac{1}{\rho}\dfrac{\partial p}{\partial y}+\nu\Delta v=\dfrac{\mathrm{d}v}{\mathrm{d}t} \\ Z-\dfrac{1}{\rho}\dfrac{\partial p}{\partial z}+\nu\Delta w=\dfrac{\mathrm{d}w}{\mathrm{d}t} \end{cases} \tag{5-18}$$

式中　ν——流体的运动黏度；

Δ——拉普拉斯算子，$\Delta=\nabla^2=\dfrac{\partial^2}{\partial x^2}+\dfrac{\partial^2}{\partial y^2}+\dfrac{\partial^2}{\partial z^2}$，推导过程见附录 C。

3. 能量守恒方程

在无热源和热汇的流动中，流体的能量变化一般指流体的压力势能、位置势能和动能间的相互转化，同时还需要考虑由于摩擦导致的能量耗散以及对外界做功的影响。对于不可压缩流体，能量方程为

$$W=\frac{p_2-p_1}{\rho}+g(z_2-z_1)+\frac{v_2^2-v_1^2}{2}+gh_f \tag{5-19}$$

式中　W——外界对流体的输入功；

p_1、p_2——流体先后流过的位置处的压力；

z_1、z_2——流体先后流过的位置处的高度；

v_1、v_2——流体先后流过的位置处所具有的速度；

gh_f——摩阻损失。

5.1.3　流体力学问题的定解条件

流体运动的微分方程描述了流场中质点的速度、压力和温度等物理参数在流动过程中随空间坐标和时间的变化规律，是对同类流动共性的数学表达，不反映某个具体的流动过程。微分方程在理论上有通解而无定解。为了获得某一个具体问题的解，还需针对其具体工况提出表征该问题的特定性的数学表达式，从而使微分方程的解唯一确定。这种使微分方程可求出定解的附加条件称为“定解条件”。对于稳态问题，定解条件是指流动的边界条件（Boundary condition），包括流场进出口的压力、流速，边界的形状、运动状态和温度等约束条件；对于非稳态问题（瞬态问题），除需给出边界条件外，还需要指定流场的初始状态（初始时刻，流场中的压力、流速和温度分布等），称为“初始条件”。对于一个实际流体力学问题的完整描述应包括其微分方程组和定解条件。

5.2　计算流体仿真分析基础

5.2.1　计算流体力学概述

求解流体力学问题的关键是根据已知条件求出流场内的压力、流速、温度等物理参数的分布情况。对于针对具体工况的问题，人们可以通过建立描述其动态过程的数学模型并求解而获得由解析式描述的上述物理参数的分布函数，这是最为理想的结果。然而，由于实际问题的复杂性和多变性，建立精确的数学模型往往非常困难，很多时候甚至无法做到，这就使得用数学分析的方法研究流体力学问题受到很大局限。此外，数学模型越精确，方程式越复杂，其求解难度高，且很多时候无法求出解析解。因此，在采用理论分析的方法研究流体问题时，通常需要引入一系列的假设前提用以简化模型，然后通过实验结果来修正理论模型计算结果中的偏差，即在数学模型中加入各种各样的修正系数，而这些修正系数也随不同的具体工况而具有不同的取值，这就使得理论分析的方法在很大程度上丧失了其精炼准确、可靠性高和通用性强的优点。采用实验的方法研究流体问题对实验平台的精度有很高的要求，平台往往价格不菲，使得研究门槛较高。此外，在流体机械的设计和研制中，通过开展大量实验来逐步地确定设计参数耗时长，且通用性差，一旦工作条件有所变化，其设计结果可能就不再适用，往往需要重新设计实验或叠加新的修正系数。

由于理论分析方法和实验研究方法的上述局限，制约了 20 世纪中叶以前飞行器、船舶、液压元件等流体动力和传动机械的发展进程。1946 年第一台电子计算机“ENIAC”问世，随后计算机科学和数值计算方法的飞速发展及其在流体力学研究中的应用，催生了一个新的学科分支——计算流体力学（Computational Fluid Dynamic，简称 CFD）。CFD 技术利用数值模拟的方法解决了复杂流场的稳态、瞬态过程的求解问题，能够为几乎所有的流体力学问题提供具有参考价值的解，且随着数值模型精度的提高和对求解条件的精细控制，其获得的结果可以具有非常高的准确度。同时，CFD 技术还拓展了研究者的研究视野，在 CFD 仿真环境中，研究人员可以轻易地构建超高温、超高压、特殊流体介质等在现实中难以构建实物的实验研究环境，此外利用 CFD 技术能够直接获取仿真实验中任意时刻、任意位置的压力、流速等动态参数，并通过便捷的可视化处理手段，定制出满足一定研究目的的数据图表和报告。

时至今日，计算机仿真分析已经成为流体力学研究、流体机械设计的核心环节，计算机仿真分析技术也成为相关领域研究者必须要掌握的关键技术。

5.2.2 CFD 技术的原理

1. CFD 的理论基础

CFD 技术的本质是将实际中在时间和空间上连续的物理量场（压力场、速度场和温度场等，它们的分布规律为连续函数）通过离散化，转化成由有限个离散点或离散区域组成的集合（见图 5-7），并基于一定的数学和物理规律建立描述这些离散单元上各变量间的代数方程组，然后利用迭代求解的方法获得这些方程组的数值解，进而根据所得到的数值解分析和研究原物理量场的技术。离散化网格点间距越大，网格点数越少，计算量越小，但是所得到数值解的精度越低；反之离散网格间距越小，网格点越多，数值解越接近于真实解，但是计算代价越高，当离散网格间距无限接近于零时，离散流场就复原成了连续流场。

连续物理场离散化的方法主要包括三种：有限差分法、有限元法和有限体积法（见图 5-8）。其中离散差分法是最早出现的方法，至今仍被广泛采用，它的基本原理是：利用相邻节点的泰勒级数展开式构造出差分式来替代微分控制方程中的偏导数，进而得出关于有限个节点的线性方程组，达到求解域离散化的目的，通过求解这些线性方程，就得到了求解域的近似解。有限元法以变分法和加权余量法为基础，将需要在全域逐点满足的“强形式”控制方程近似为平均满足要求的“弱形式”。同时，将整个求解域离散为有限个单元，并选取合适的节点进行插值来近似描述场变量，对应的插值函数称为“基函数”。然后，将上述的近似场变量带入等

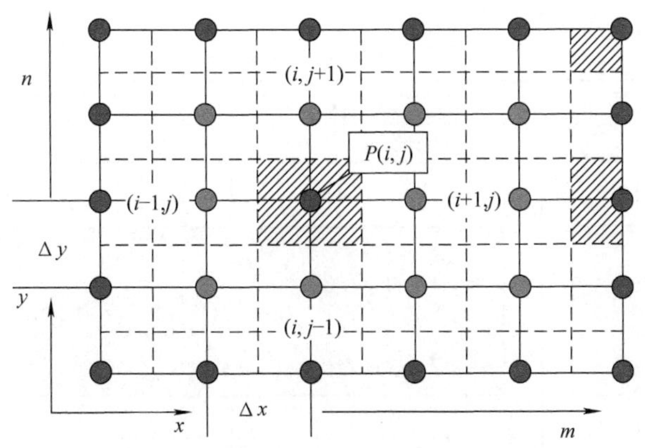

图5-7　有限差分法的离散网格点

效积分方程，选取适当的权函数构造线性方程组。最后，求解该线性方程组，就得到了场变量在该计算域的近似。有限差分法与有限元法的区别在于有限差分法是一种基于节点的近似（Pointwise approximation），对于不规则的几何边界和非常规的特定边界条件难以适用；而有限元法是一种分片的近似方法（Piecewise approximation），弥补了有限差分法的上述不足。有限体积法则是将流体域划分为有限个不重叠的控制体积，在控制体积内将待求解微分方程积分，从而得到一组离散的代数方程，通过求解这些离散方程，得到流场的近似解。

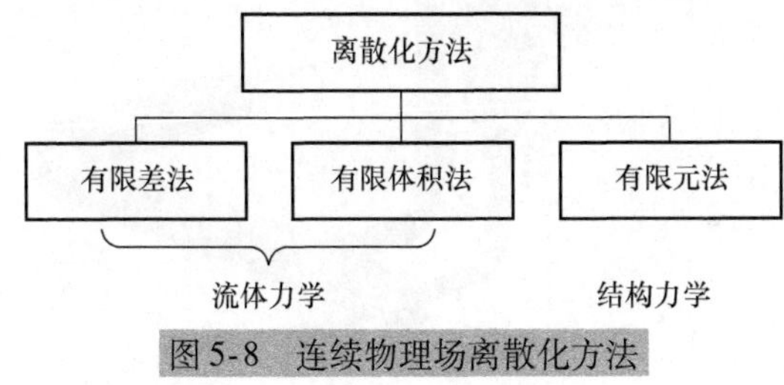

图5-8　连续物理场离散化方法

上述三种离散化方法均可用于流体力学分析，但是，在目前的CFD工程应用中，以有限差分法和有限体积法为主，有限元法的应用尚未形成规模。在结构力学分析领域，有限元法则占据统治地位[26]。

2. CFD工程应用的基本流程

计算流体力学仿真分析的一般流程如图5-9所示，分为问题定义、前处理及求解设置、求解和后处理四个步骤[27]。

首先，根据实际问题的研究目标确定和求解流场区域。然后建立计算区域的几何模型（见图5-10），模型可直接在CFD软件环境中建立，也可由其他软件建立后转为通用格式再导入到CFD仿真环境中。

然后，选用恰当的方法对流体域划分网格，划分网格的方法不唯一，通常可分

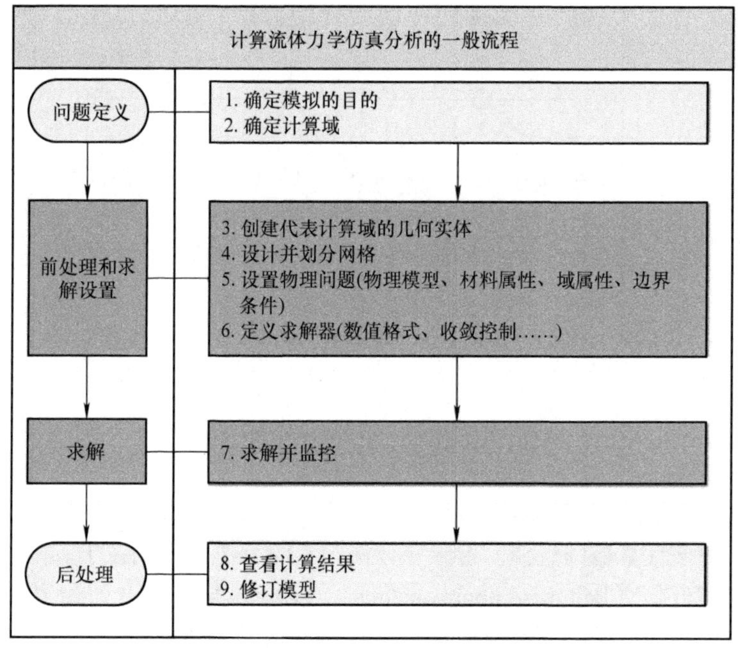

图 5-9 计算流体力学仿真分析的一般流程

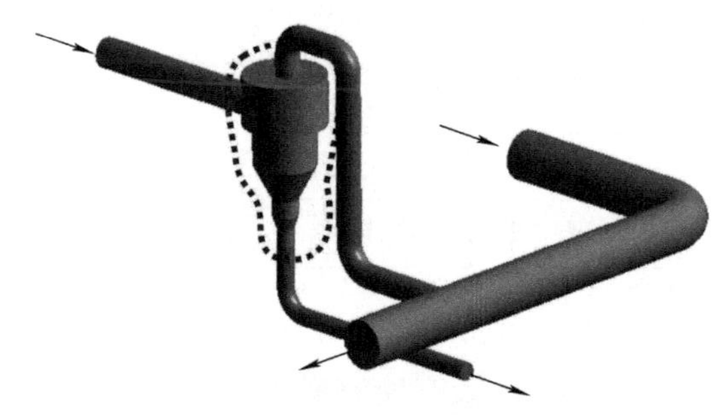

图 5-10 CFD 仿真分析几何模型

为结构化网格和非结构化网格两类。结构化网格是指根据流体域的形状特征划分的与流体域的结构形成映射关系的以矩形（二维）或六面体（三维）单元为主的网格，如图 5-11 所示。结构化网格的划分具有高度的技巧性，采用不同的思路对同一几何体做网格划分操作可以得到十分不同的网格形态，从而对求解速度、收敛性和结果精度产生不同的影响[28]。非结构化网格是以平铺、填充形式布满求解域的与流场形状无固定的严格映射关系的以三角形单元（二维）或四面体单元（三维）为主的网格。网格划分的质量对 CFD 仿真分析的可行性、效率和精度具有重要影响。一般来说，高质量的网格具有尺度变化平滑、疏密得当以及扭曲度低等特点。

网格划分完毕后，根据实际情况和仿真意图设定求解区域的物理模型、流体的物性参数、边界条件和求解器参数。物理模型包括：湍流、层流、稳态、非稳态以及多相流等；流体物性参数包括黏度、密度、弹性模量以及导热系数等。边界条件是指使模型具有唯一解的边界约束条件，即指定边界上的流场变量取值，包括进入流体区域的质量流量、动量和能量等。求解器参数是指控制求解过程的参数，包括离散格式、松弛因子以及瞬态仿真的库朗数（Courant number）等。

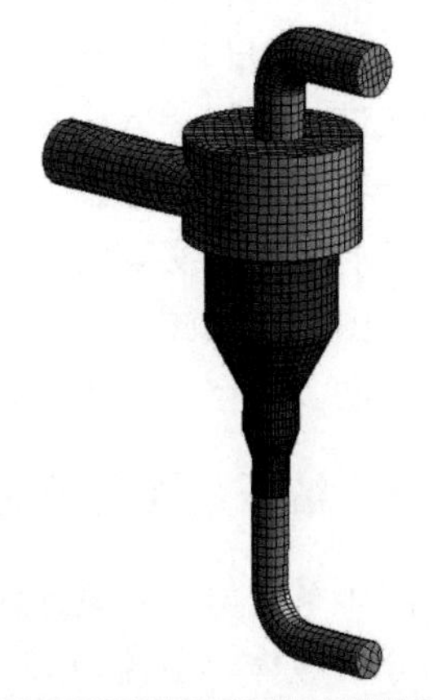

图5-11　三维结构化网格

在CFD模型的数值求解过程中，可以通过设置监测量、监测点等方法监视求解过程中关键参量的收敛情况。对于动态仿真还可通过设定求解时间步的自动保存间隔、保存格式来保留仿真分析的动态过程，用于后处理分析。

后处理即对仿真分析结果的定制化处理，包括生成关键参数的变化规律曲线、关键剖面的压力、流速和温度分布图谱以及拾取等温、等压线、面等。

5.2.3　CFD工程软件简介

CFD技术借助计算机高效的运算能力使求解复杂流体力学问题的数值解成为可能。早期的CFD分析通过针对具体的工况编写专门的计算机程序实现，对研究者的数学功底和编程水平有较高要求。随着计算技术的飞速发展和对流体力学问题分析需求的不断增加，多种商用CFD软件应运而生并逐渐流行。人们不再需要从头开始编写基本的求解算法和通用程序，只需要根据仿真需求按照一定的操作流程完成必要的问题设定、求解器参数选择以及结果的后处理工作。大大降低了CFD技术的应用难度，提高了工作效率。但是，仅仅能够熟练地应用商用CFD软件并不足以出色地完成仿真分析任务，一个合格的研究者应当深入了解流动过程的物理机制，并且对所设定的仿真参数的具体含义有清晰的认识，此外还需要能够正确解读计算结果并对结果所包含的特征具有敏锐的洞察力。计算机仿真虽然已经成为流体力学研究和流体机械设计的核心，但CFD软件终究应当是研究者的工具，而不是研究的主体。

目前，较为流行的CFD商用软件包括：ANSYS Fluent、CFX、STAR－CCM＋、COMSOL Multiphysics、OpenFOAM和PHOENICS等等。本章将基于ANSYS Fluent介绍径向柱塞泵流场的仿真分析方法。ANSYS Fluent采用基于有限体积法的求解器，包含了基于压力的分离求解器和耦合求解器和基于密度的隐式求解器以及显式求解器，多求解器技术使Fluent软件可以用来模拟从不可压缩到高超音速范围内的各种复杂流场。Fluent软件还包含非常丰富的、经过工程实验验证的物理模型，包括：

转捩、传热与相变、化学反应与燃烧、多相流等。Fluent 支持多种通用格式的三维模型文件，可以导入由第三方软件绘制的三维模型，可对导入的或在内部建立的模型划分非结构化网格，支持用户通过编写 UDF（User – Defined Function）文件来控制网格的运动，实现对流场的运动仿真。Fluent 3D 还具有强大的后处理器，支持输出云图和矢量图，能够方便直观地呈现运算结果。ANSYS Fluent 已被广泛应用于流体传动、航空、航天、汽车、船舶以及石油天然气等领域。

5.2.4 液压系统仿真分析技术

液压系统仿真是基于液压元件（泵、阀、管路和执行器等）或元件的基本组成部分（腔体、节流口和管路等）的数学模型，构建研究对象的系统模型，在设定的条件下对系统的综合输入、输出及中间状态变量特性开展研究的技术手段。与 CFD 流场仿真不同，液压系统仿真模型的基本单元不是流体质点或微团，而是各种各样的液压装置、元件或元件的基本结构。液压系统仿真和流场仿真都可用于流体机械的研究和设计，但它们在研究层级、研究内容和所采用的理论模型上有所区别，如图 5-12 所示。概而言之，液压系统仿真的研究内容是宏观液压系统的工作特性，而 CFD 流场仿真的研究内容是流体微观行为的宏观表现。

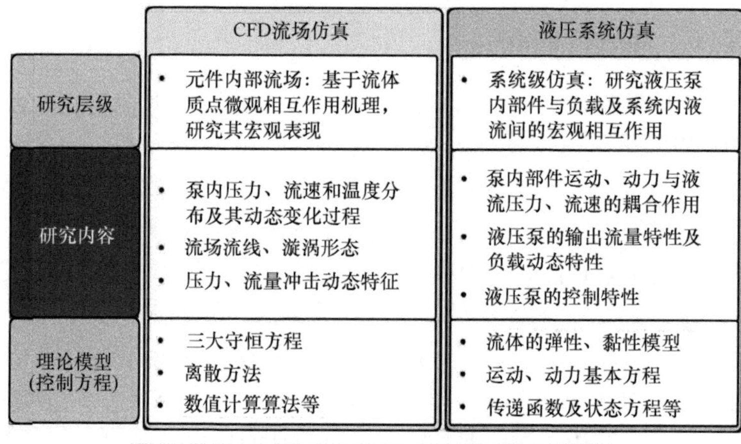

图 5-12 CFD 流场仿真与液压系统仿真的比较

液压系统的计算机仿真研究方法已经出现了四十余年，现已成为流体传动领域研究的关键技术手段之一。随着流体力学建模理论、控制算法、软件技术和计算机技术的发展，液压系统仿真软件技术不断成熟。现有的主流商用仿真软件包括 AMESim、SimulationX、MATLAB/Simulink、FluidSIM、Automation Studio、HOPSAN、HyPenu、EASY5 等[29]。本章将基于国内常用的 AMESim 软件介绍其在径向柱塞泵流场仿真分析中的应用。

AMESim 是一个多学科领域复杂系统建模与仿真平台。该软件由法国 Imagine 公司于 1995 年发布，后于 2007 年被比利时 LMS 公司收购，之后又于 2012 年被西门子公司收购[30]。AMESim 软件平台内含有丰富的多学科领域的元件库，包括流体、热力学、电气、机电、机械和信号处理等，内建数千个专用模型，涵盖广泛的工程应用领域。其采用基于物理模型的图形化建模方式，使工程师能够方便直观地完成模型的搭建。AMESim 内部集成了丰富的软件接口，可以与 CAE、CAD、CAM 等外部应用软件或程序耦合在一起完成协同仿真任务。目前，AMESim 软件平台已在国内外很多大学、研究设计单位以及工业部门中成为一种用于建模和仿真的标准软件平台。

5.3 滑阀配流式径向柱塞泵工作原理概述

本章以滑阀配流式径向柱塞泵（简称滑阀配流泵）为例介绍径向柱塞泵的计算机仿真分析方法。图 5-13 所示为该径向柱塞泵的工作原理示意图[31]。柱塞呈辐射状均匀布置在泵体内部的径向平面内，每个柱塞两侧分别设置有一个吸油滑阀和一个排油滑阀，柱塞与两滑阀共同组成一个“柱塞 - 滑阀单元”。柱塞及滑阀都由正五边形过渡套驱动，正五边形过渡套通过轴承安装在传动轴的偏心轮上，柱塞插入泵体内，柱塞底面抵在五边形过渡套的各边上，可以相对五边形过渡套滑动，回程盘固定安装在五边形过渡套上，其上的卡盘扣住柱塞底部的法兰，从而对柱塞的运动起到限位作用，防止柱塞在工作中与五边形过渡套脱离。当传动轴转动时，偏心轮的形心绕传动轴的转动中心做圆周运动；由于柱塞插入在泵体内，不随轴转动，且其底面紧贴五边形过渡套的一边，因此柱塞在上述结构的驱动下，沿自身轴线做直线往复运动。同时，由于柱塞的轴线固定，正五边形过渡套无法绕转动中心旋转，因此，五边形过渡套的运动形式为绕转动中心的圆周平动。

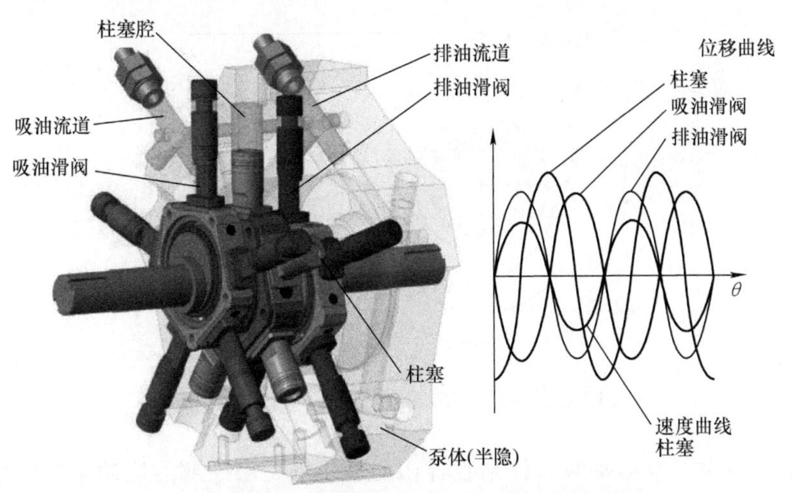

图 5-13　滑阀配流式径向柱塞泵的工作原理示意图

柱塞相对于五边形过渡套的运动为滑动，故柱塞底面与偏心轮形心的距离保持不变，因此，柱塞的运动规律与偏心轮形心在柱塞轴线上的投影的运动规律相同，即柱塞的位移和速度均随传动轴的转动按正弦规律变化：

$$s = e\sin\theta$$
$$v = e\omega\cos\theta \tag{5-20}$$

式中 s——柱塞位移（m）；

e——偏心轮的偏心距（m）；

θ——传动轴的转角(rad)；

v——柱塞速度(m/s)；

ω——传动轴的角速度（rad/s）。

与柱塞相同，两滑阀也由正多边形过渡套驱动。当传动轴转动时，两滑阀的底面相对于正多边形过渡套滑动，并在泵体的滑阀孔内沿各自的轴线作直线往复运动，其运动规律为正弦规律。传动轴上各偏心轮的偏心方向关系如下：偏心轮 A 的相位超前偏心轮 B 的相位 90°；偏心轮 C 的相位滞后偏心轮 B 的相位 90°，如图 5-14所示。吸油滑阀和排油滑阀的速度和位移方程分别为：

$$s_a = e_a\sin(\theta + \pi/2)$$
$$v_a = -e_a\omega\sin\theta \tag{5-21}$$
$$s_c = e_c\sin(\theta - \pi/2)$$
$$v_c = e_c\omega\sin\theta \tag{5-22}$$

式中 s_a、s_c——吸油、排油滑阀的位移（m）；

e_a、e_c——偏心轮 A、C 的偏心距（m）；

v_a、v_c——吸油、排油滑阀的速度（m/s）。

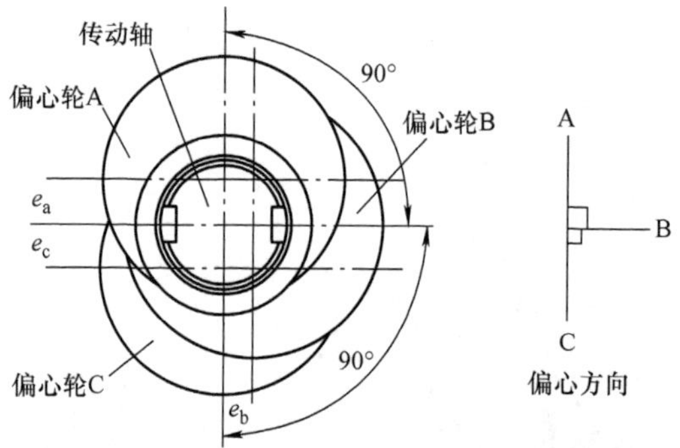

图 5-14 柱塞 - 滑阀驱动偏心轮相位关系图

由于柱塞做往复运动时，柱塞腔容积的变化率是由柱塞的运动速度决定的，柱塞的吸、排油状态是由柱塞的运动方向决定的。设由泵的中轴指向外部为正向，则柱塞腔在柱塞速度为负时吸油，柱塞速度为正时排油。滑阀阀口的打开、关闭以及开度的大小是由滑阀阀芯在阀体中的位置决定的，如图 5-13 所示，当滑阀阀芯上的液流通流段全部或者部分与泵体上的轴向通流孔重合时，阀口即打开；当滑阀阀芯的密封段将泵体上的轴向通流孔完全盖住时，阀口关闭。设打开和关闭的临界位置为零，则阀芯位移为负时阀口打开，阀芯位移为正时阀口关闭。由于正弦运动的速度函数的相位超前位移函数 90°，因此图 5-14 所示的驱动相位设计即可使柱塞和两滑阀按照图 5-13 所示曲线规律运动，从而实现滑阀为柱塞腔的配流[32]。

5.4 基于 Fluent 的径向柱塞泵流场仿真

CFD 流场仿真本质上是一种虚拟的实验研究技术，可在一定程度上替代实物实验，并大幅提高研究效率同时降低研究成本。开展径向柱塞泵流场仿真实验的主要目的包括：

1）获得模拟工况下泵内流场的压力、质点流速和温度的分布情况及其动态变化规律。

2）研究泵内流场的流动状态，研究流线、漩涡形态，为结构优化提供依据。

3）捕捉泵内压力、流量冲击产生时机，研究其发生机理和特征，为降低冲击噪声提供设计依据。

5.4.1 流场模型的建立

在机械设计领域通常采用参数化建模的方法设计零件或装配体的结构。所谓参数化建模是指基于一系列的尺寸参数及它们之间的相互约束关系建立模型的方法。当一个尺寸发生变化时，所有以它为参照的特征或尺寸都将发生改变。常用的参数化建模软件包括 CreO、Solidworks、Inventor、UG、CATIA 等。在三维造型设计领域常用的另一种建模方法是直接建模方法。直接建模的模型文件中不保存特征和尺寸之间的关联，设计者可以根据需要随意地更改某个几何而不影响其他结构。常用的软件包括 AutoCAD、3DS MAX、Rhino 等。参数化建模方法适用于机械设计领域，其具有尺寸间关联性强的特点，便于在机械设计和模型维护过程中自动同步调整具有参照关系的一系列特征的位置和尺寸；而直接建模方法适用于对尺寸关联性要求较弱的艺术设计、影视制作等领域，对模型的局部进行任意操作时不必担心操作导致其他部分的改变。

基于 ANSYS Fluent 的 CFD 仿真工作流如图 5-15 所示。在 CFD 仿真分析前，通常需要对模型进行简化，略去一些不重要的特征，从而达到降低网格不规则程度，减少网格数量和缩短计算时间的目的。化简模型所做的操作是针对零件局部的，因此，为了不影响全局，几何模型前处理宜采用直接建模的方法。在 ANSYS 软件系统中，内建了直接建模软件 SpaceClaim[33]，能够十分方便的对导入的模型进行局部操作。此外，对于一些结构简单几何体，也可直接在该软件中建立其模型。

由于径向柱塞泵结构较为复杂，因此，其三维模型一般采用参数化建模的方法绘制。本滑阀配流泵的三维装配模型基于 PTC/CreO 建立[34]，如图 5-13 所示。基于该泵的装配体模型，通过执行布尔运算即可得到泵内流道的结构，如图 5-16 所示。

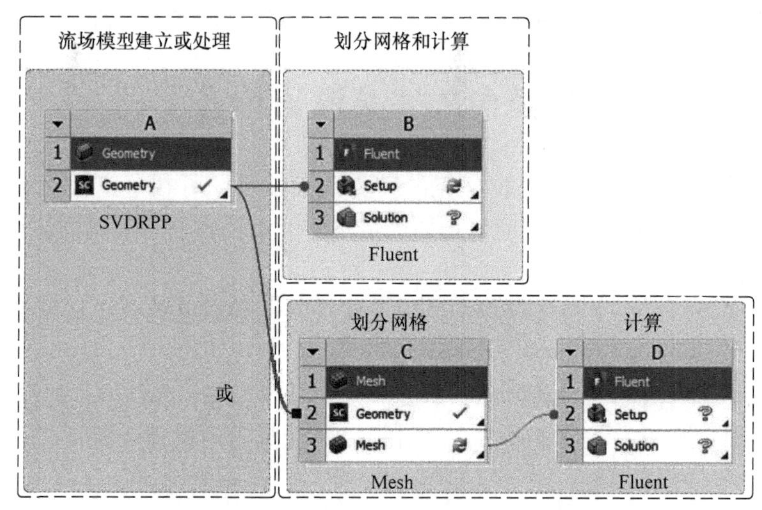

图 5-15　基于 ANSYS Fluent 的 CFD 仿真的工作流

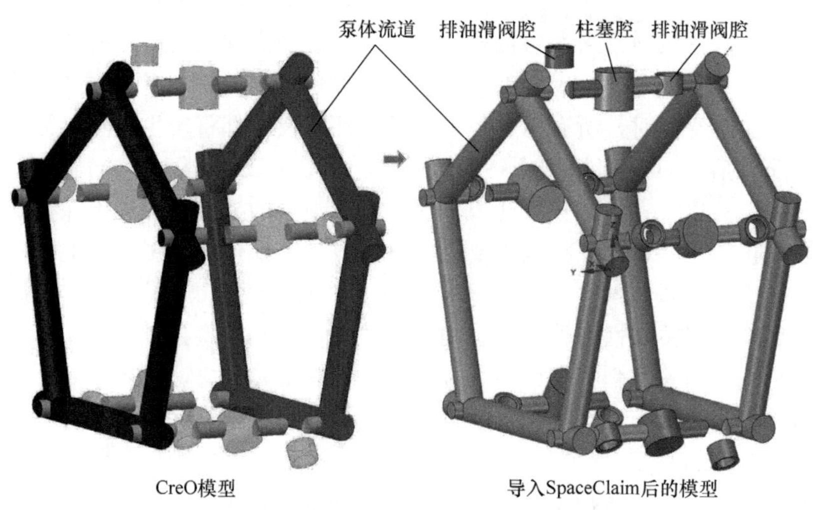

图 5-16　滑阀配流泵内部流道示意图

5.4.2　网格生成

网格（Grid、Cell 或 Mesh）是连续的流场计算域通过划分而形成的离散单元

(有限体积单元) 的组合，它是执行 CFD 仿真计算的对象。一般来说，网格划分越精细，计算精度越高。但是在实际工程应用中，却不能一味地追究过于细密的网格。这是由于网格数量越大，CFD 仿真计算所需的时间越长，收敛速度越慢。此外，计算的精度并非随网格数量的增加而线性提高，即当网格精细到一定程度后，继续提高网格密度对改进计算结果的作用不大，反而可能会提高因为内存溢出或迭代发散而导致仿真计算失败的风险。为了找到恰当的网格数量规模，通常需要做网格无关性检验（又称网格独立性验证，Grid independence test）[35]，即对同一求解域做不同精度的网格划分，生成不同数量级的网格，分别基于各组网格完成仿真运算，若它们的计算结果没有明显的差异，则说明继续增加网格密度对提高计算精度无益，即已达到“网格无关”，选择其中计算量可接受的网格继续开展研究即可。

工程中常用的网格划分软件包括 ANSYS Mesh、Gambit、ICEM CFD、SpaceClaim Mesh 以及 HyperMesh 等。其中 ANSYS Mesh 是 ANSYS Workbench 平台内建的网格设置和调整功能模块，操作简单，通用性强，能够自动生成指定大小的网格，但绘制结构化网格功能较弱；Gambit 是 Fluent 公司推出的网格生成软件，支持直接建模和三维模型导入，与 Fluent 兼容性好，目前已经停止更新，但仍因其在处理简单模型时的易用性而受到 CFD 工程师的青睐；ICEM CFD 是用于为计算流体力学仿真划分网格的专用软件，具有强大的 CAD 模型修复功能和结构化网格生成功能；SpaceClaim Mesh 是 ANSYS 公司在 2019 R2 版本 SpaceClaim 中首次加入的网格划分功能，它继承了 ICEM CFD 的网格划分逻辑和操作方式，并提高了易用性；Hypermesh 是 Altair 公司推出的有限元仿真前处理软件，能够高效的完成几何模型的修补和调整，支持用户定制操作界面，被广泛用于各类结构力学和流体力学仿真。图 5-15 列出了在 ANSYS Workbench 环境中分别采用 ANSYS Mesh 和 SpaceClaim Mesh 划分网格的技术路线。下面基于 SpaceClaim Mesh 介绍滑阀配流式径向柱塞泵流场的网格划分方法。

在 SpaceClaim 2020 R2 及之前的版本中，“Mesh” 功能不是默认开启的，使用者需要依次进入“SpaceClaim 选项→自定义→功能区选项卡→显示/隐藏工具栏选项卡”，并勾选“网格”才可打开网格功能，如图 5-17 所示。执行上述操作开启网格功能后，在网格选项卡内打开工具栏中的开关，并在物理类型（Physics Type）中选择流体动力学（Fluid Dynamics）即可开始划分流体网格，其主界面如图 5-18 所示。

由于流体流过物体壁面时，在壁面附近会形成速度梯度和温度梯度很大的边界层，且在此薄层区域速度和温度的变化是非线性的，因此为了正确模拟泵内流场，必须在壁面附近的计算域设置边界层网格，如图 5-19 所示。SpaceClaim 边界的边界层网格绘制方法：单击激活工具栏中的“Layers” 按钮，用光标在模型窗口选取与壁面接触的计算域表面，然后单击鼠标（若需同时选取多个表面，需在单击的同时按住“Ctrl” 键），设置边界层参数，最后单击模型窗口中的“√” 确认即可。对所有与壁面接触的表面执行上述操作即完成边界层网格的设置。边界层厚度不宜

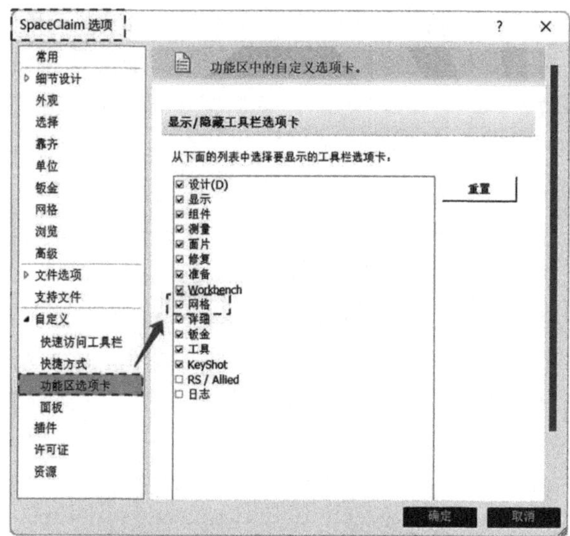

图 5-17　SpaceClaim Mesh 功能的激活

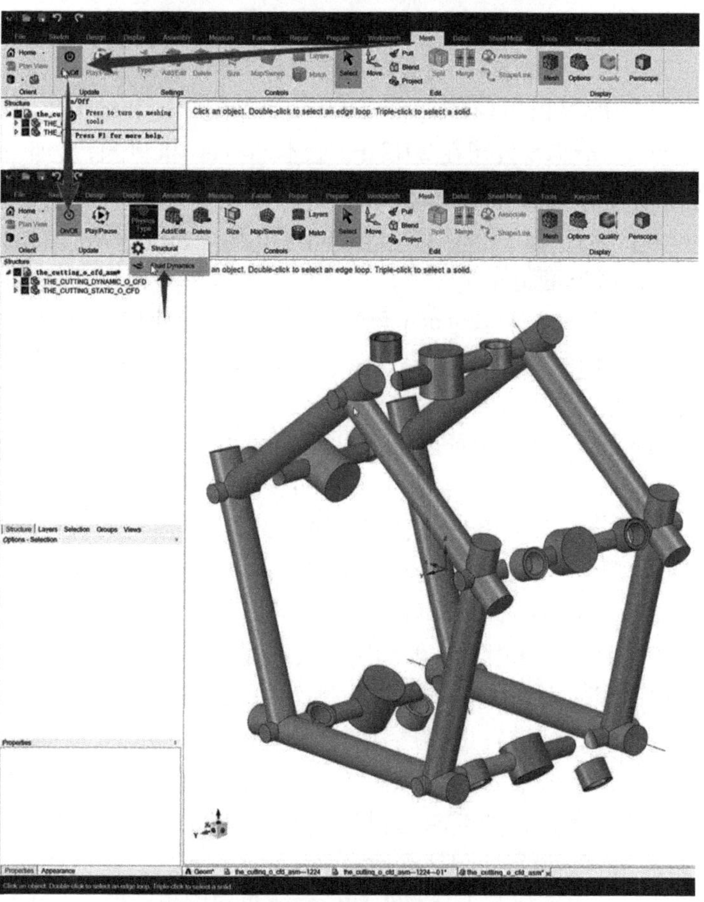

图 5-18　SpaceClaim 网格划分功能的主界面

太薄，需确保覆盖在仿真工况下的边界层区域，边界层厚度可利用式（5-23）估算[25]，边界层网格层数一般不少于 5 层。本算例的流场边界层网格参数设置如图 5-20所示。

$$\delta = 32.8 \frac{d}{Re\sqrt{\lambda}} \tag{5-23}$$

式中　δ——边界层厚度；

d——管道直径；

Re——流体的雷诺数；

λ——湍流沿程阻力损失因数。

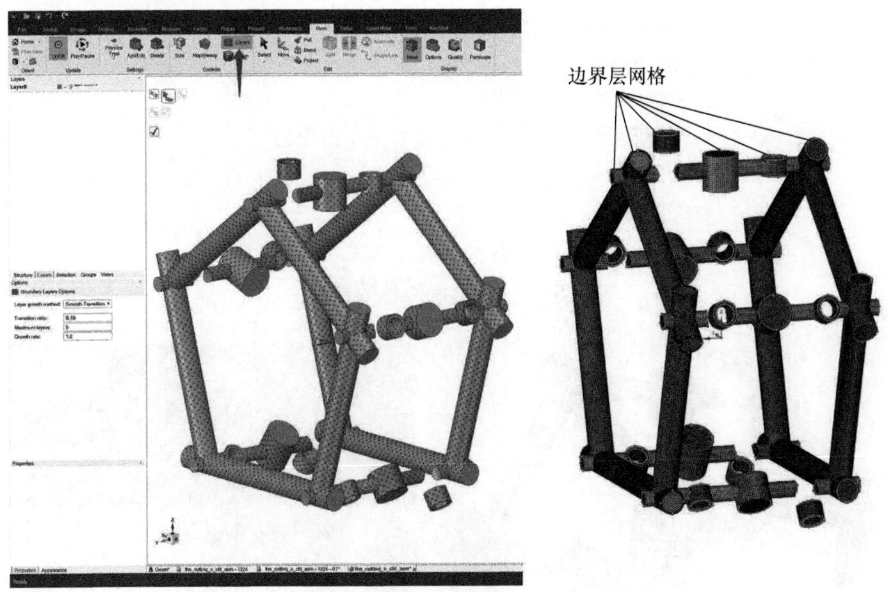

图 5-19　流场中的边界层网格

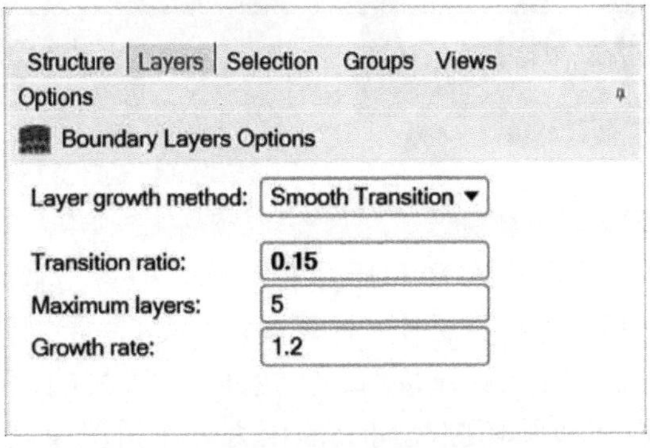

Structure | Layers | Selection　Groups　Views

Options

Boundary Layers Options

Layer growth method: Smooth Transition

Transition ratio: 0.15

Maximum layers: 5

Growth rate: 1.2

图 5-20　流场边界层网格参数设置

滑阀配流式径向柱塞泵的内部流场形状较复杂，划分结构化网格难度较高，故采用四面体网格划分计算域（已设置为边界层的区域不受影响，将自动生成六面体网格）。参数设置如图 5-21 所示，选取全部几何体后，单击模型窗口中的“√”应用设置即可生成图 5-22 所示的网格。

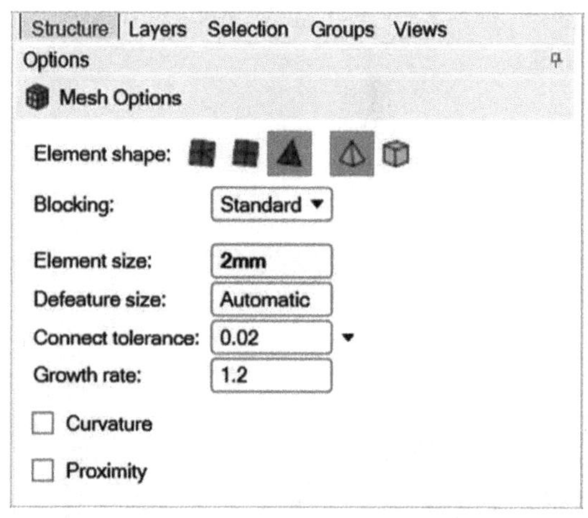

图 5-21　流场网格参数设置

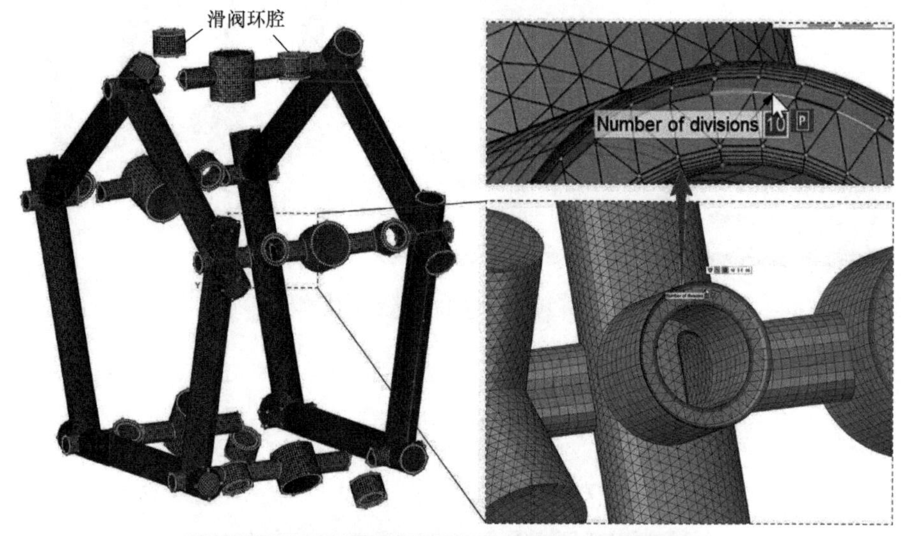

图 5-22　流场的四面体网格及边界层的六面体网格

图 5-22 所示的主体网格结构和质量较合理，但各滑阀环腔的网格则不理想——在滑阀环腔区域，除边界层外，计算域只生成了一层网格。由于环腔对径向柱塞泵配流过程中的流场压力、流量动态特性具有重要影响，因此需要加密网格，增加网格层数以捕捉在滑阀环腔径向上的压力分布情况及其动态变化规律。由图 5-22可见，滑阀环腔主体层数较少的原因是环腔轴向仅被自动划分为 40 段（10

段/90°)，因此，需要在此处设置尺寸控制参数来加密网格。如图5-23所示，单击激活工具栏中的“Size”按钮，选择需要划分的所有关键棱边，输入指定的划分段数（本例设为100段），单击模型窗口中的“√”应用设置。重新选取全部计算域，按前述步骤生成网格。如图5-24所示，通过设定边界分段数，滑阀环腔的网格得到了加密。

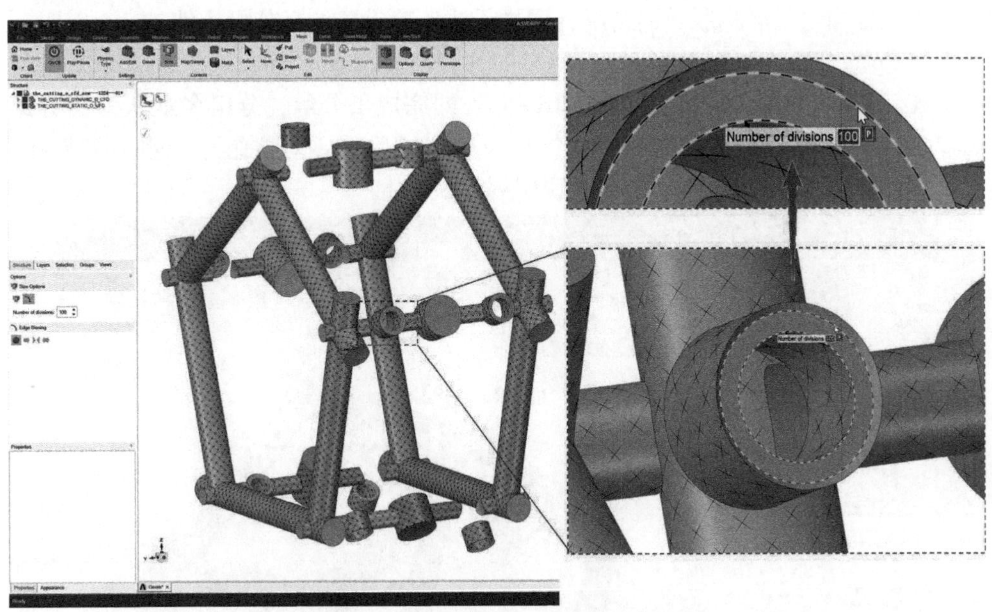

图5-23 设置滑阀环腔的网格尺寸

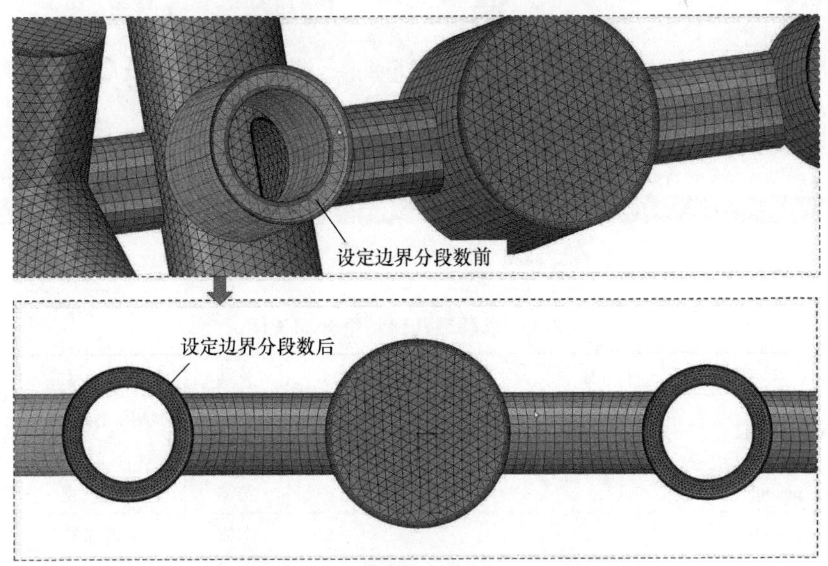

图5-24 滑阀环腔网格加密前后对比图

为了便于理解，前面在介绍模型导入方法后直接介绍了网格的划分方法。实际上，在划分网格之前，需要首先对求解域流场三维模型的几何特征进行分组和命名。这是因为在导入 Fluent 后设置仿真参数时，需要根据几何特征的名称设置求解域、边界条件和动网格等。若在划分网格时不预先对几何特征分组，则在导入 Fluent 后很难正确设置边界条件等参数。若先划分网格而后对几何特征分组，则有可能出现网格与特征名称脱离的情况，同样无法正确设置仿真分析条件。

在 SpaceClaim 中能够方便地对模型的几何特征分组。首先选中待编入某组的所有几何特征，然后按下快捷键“Ctrl + G”即完成了分组，分组名默认为“分组 1、2、3…”。为了便于识别和查找特征，在分组后需要对群组进行重命名操作。本算例的分组如图 5-25 所示，分组说明列于表 5-1。

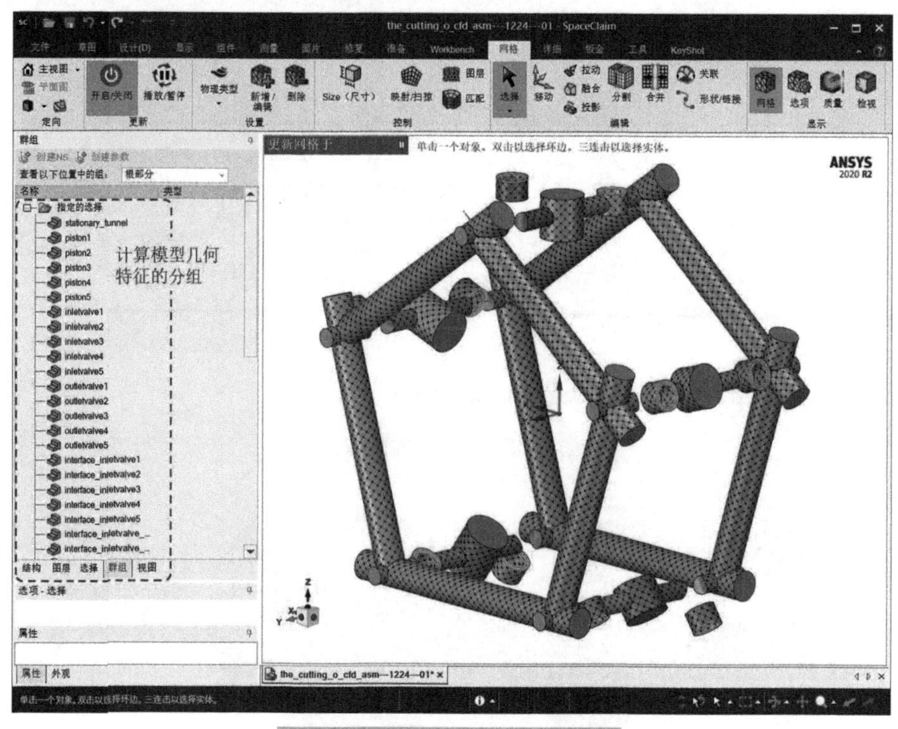

图 5-25　计算模型几何特征分组

表 5-1　求解域几何特征分组说明

名称	类别	含义
stationary_ tunnel	实体	泵内不运动且不变形的流场
piston1 ~ piston5	实体	5 个柱塞腔
inletvalve1 ~ inletvalve5	实体	5 个进油滑阀环腔
outletvalve1 ~ outletvalve5	实体	5 个出油滑阀环腔

（续）

名称	类别	含义
interface_inletvalve_moving1 ~ interface_inletvalve_moving5	柱面	5个进油滑阀环腔的外柱面
interface_inletvalve1 ~ interface_inletvalve5	柱面	分别与5个进油滑阀环腔的外柱面对接的界面
interface_outletvalve_moving1 ~ interface_outletvalve_moving5	柱面	5个出油滑阀环腔的外柱面
interface_outletvalve1 ~ interface_outletvalve5	柱面	分别与5个出油滑阀环腔的外柱面对接的界面
moving_piston_wall1 ~ moving_piston_wall5	平面	5个柱塞的运动表面
deforming_piston_wall1 ~ deforming_piston_wall5	柱面	5个柱塞腔在工作时伸缩的圆柱面
pressure_inlet	平面	压力进口
pressure_outlet	平面	压力出口

5.4.3 仿真模型和参数设置

在Fluent环境中读取由SpaceClaim生成的“mesh”文件（.msh），或在SpaceClaim的Workbench选项卡下依次单击“Fluent→网格到求解”（见图5-26），直接将网格模型导入Fluent并打开，如图5-27所示。

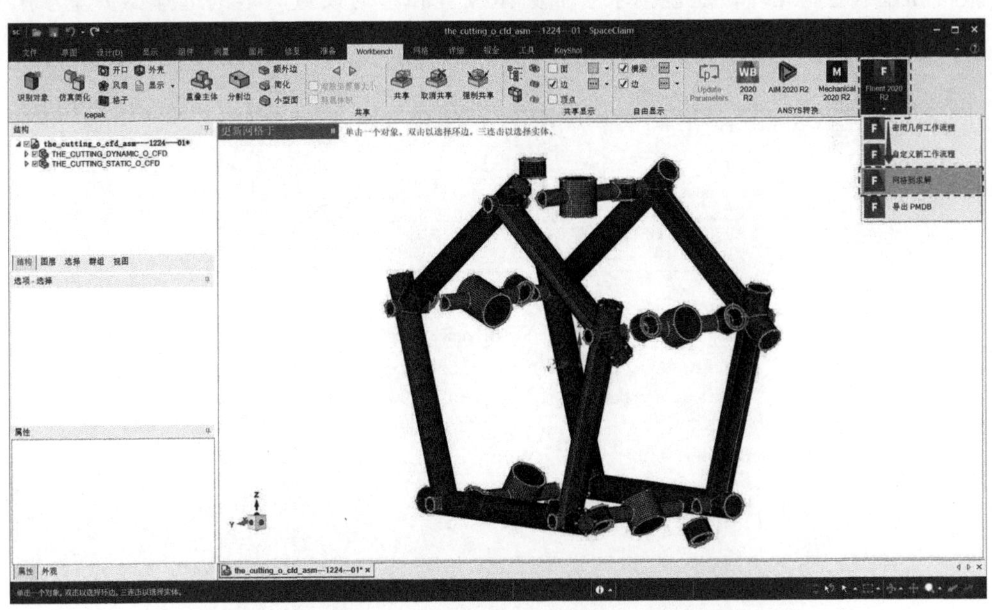

图5-26　在SpaceClaim中直接将网格导入Fluent并打开

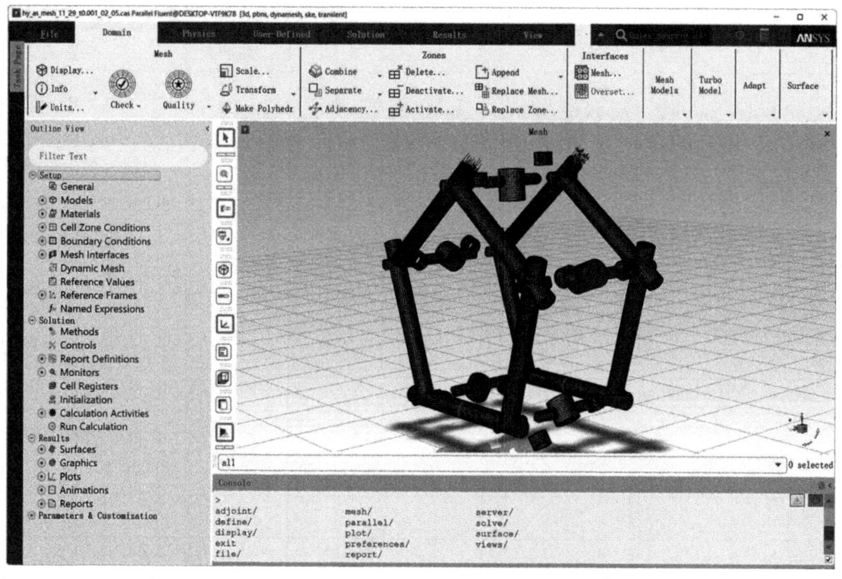

图 5-27　Fluent 软件界面及导入的网格

Fluent 的 CFD 仿真设置内容包括：通用（General）、模型（Models）、材料、求解域、边界条件、网格界面、动网格、参考值、参考系以及自定义表达式。

通用设置是对 CFD 仿真一般仿真的条件的设置，包括网格缩放、检查、质量报告和显示等。此外，还包括求解器类型设置和重力设置。本例选择压力基求解器，不考虑重力，对流场进行瞬态仿真（见图 5-28）。

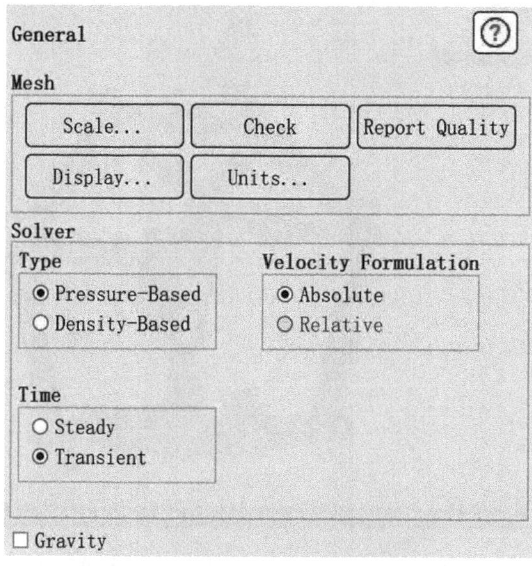

图 5-28　Fluent 的通用设置页面

模型设置是指对仿真计算所采用的数学模型的选择和参数设定，包括多相流、能量方程、黏性方程、辐射、传热以及声学模型等。径向柱塞泵流场特性仿真重点关注流场的压力、流速变化，且由于在流动过程中，流体相变、传热等对输出特性的影响较小，因此关闭多相流、能量、传热以及声学等方程，仅开启黏性模型如图5-29所示。

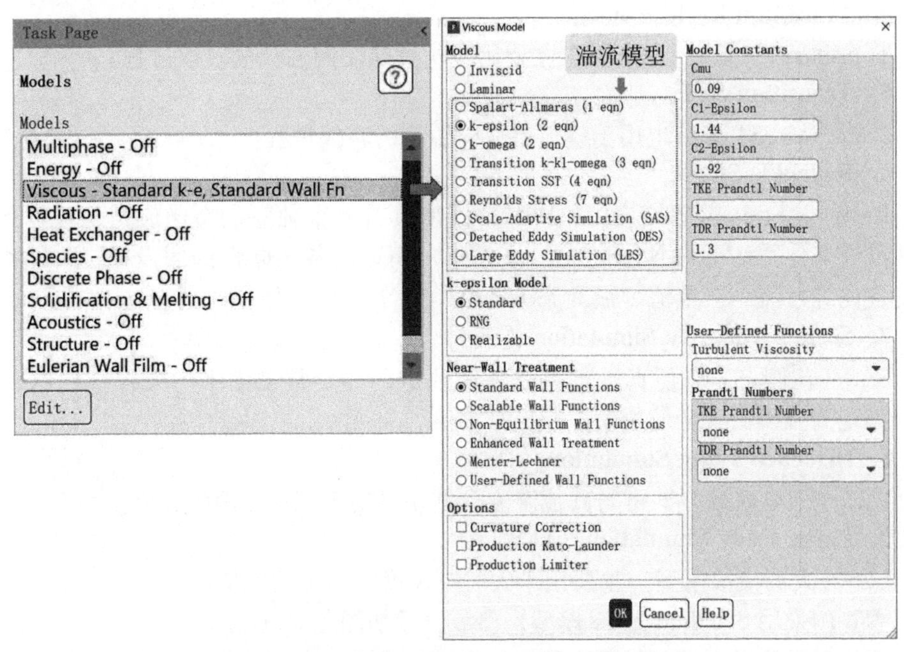

图5-29 Fluent的仿真数学模型参数设置

黏性模型是对仿真结果具有重要影响的数学模型。由于泵内液流平均流速较高，雷诺数较大，因此处于湍流状态。Fluent内建的湍流模型包括9种，分别简述如下[27]：

1. Spalart – Allmaras（S – A）

S – A模型仅求解一个修正涡黏系数输运方程，计算量最小。该模型专为涉及壁面外流场的航空航天的应用而设计，对承受反向压力梯度的边界层流动具有很高的仿真精度。S – A模型一般不适用于工业流场仿真。

2. k – epsilon（k – ε）

k – ε模型是工业流动仿真中最常用的湍流模型，包括Standard、RNG和Realizable三种形式。Standard k – ε模型适用于大多数工业应用场合，其参数经过了试验数据校验，对压缩流、浮力以及燃烧等现象具有很好的仿真稳定性和精度；RNG k – ε模型参数基于重整化群理论技术修正了耗散率方程，在一些复杂剪切流、有大应变率、漩涡和流动分离的工况下，有更高的仿真精度；Realizable k – ε模型的耗散率（ε）修正传递方程由漩涡脉动均方差导出，能够满足雷诺应力的某些数学约束条件，对含有旋转、较大反压力梯度的边界层、分离和回流具有很好的仿真精度。

3. k－omega（k－ω）

k－ω模型是为模拟低雷诺数、可压缩性和剪切流而建立的模型。与S－A模型类似，一般用于对外流场、旋转、剪切流的仿真。

4. Transition k－kl－omega

Transition k－kl－omega模型主要用于仿真层流向湍流的转捩过程。

5. Transition SST

Transition SST模型也用于模拟层流向湍流的转捩过程。

6. Reynolds Stress

Reynolds Stress（雷诺应力，RSM）模型具有六个独立的雷诺应力分量输运方程，没有其他雷诺平均N－S方程（RANS）模型的各向同性的假设前提，适用于高度各向异性流、三维流、强旋流等场合，但计算量较大。

7. Scale－Adaptive Simulation（SAS）

SAS（比例自适应仿真）模型是一种改进的非定常雷诺平均方程（URANS），可与其他湍流模型联合使用模拟非定常湍流。

8. Detached Eddy Simulation（DES）

DES（分离涡模型）可与其他湍流模型联合用于模型漩涡的分离。

9. Large Eddy Simulation（LES）

LES（大涡模拟模型）主要用于大时空尺度的涡旋的模拟。

本算例采用Standard k－ε模型，参数设置如图5-29所示。

流体材料设置主要包括设定流体的密度和黏度，本例选用L－HM 46抗磨液压油作为仿真流体，参照国家标准GB/T 11118.1—2011，其密度和黏度分别为$870kg/m^3$和0.04kg/(m·s)(Pa·s)，参数设置如图5-30所示。流体参数设置完毕后，即可将其赋予各流体计算域。

5.4.4 边界条件设置

边界条件设置是CFD仿真分析的关键步骤，正确设置边界条件是仿真计算收敛、仿真结果可用的前提。如图5-31所示，滑阀配流式径向柱塞泵的边界条件包括：Pressure inlet（压力入口）、Pressure outlet（压力出口）、Wall（壁面，包括静止壁面Stationary Wall和运动壁面Moving Wall）和Interface（界面）。其中运动壁面（Moving Wall）的运动方式需要在动网格（Dynamic Mesh）中进一步设定。Interface是指在仿真过程中会与其他面重合的表面，在运行仿真前需要将可能重合的Interface配对，否则将导致仿真失败。

5.4.5 动网格技术

在液压泵工作时，泵内部件的运动将使流场的形状发生变化：柱塞的往复运动

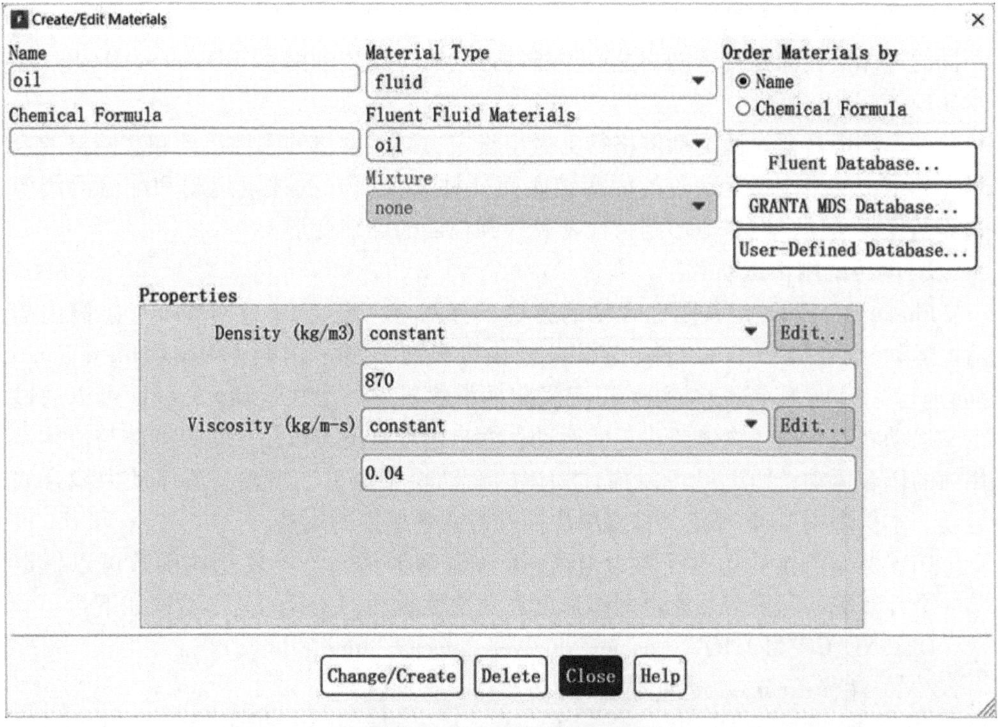

图5-30 流体物性参数设置

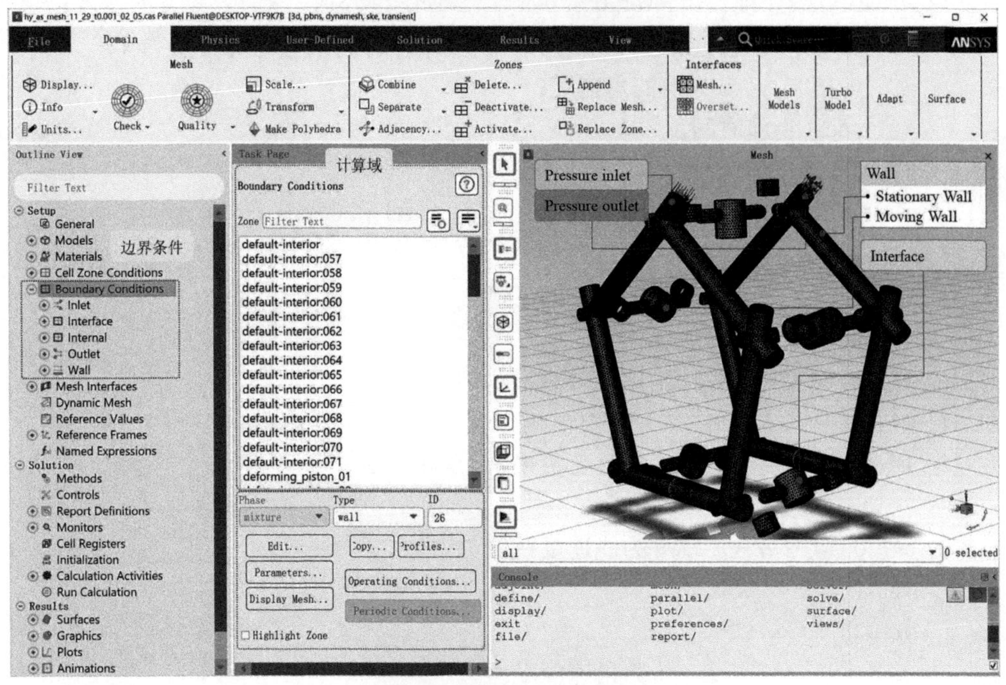

图5-31 仿真边界条件设置

使柱塞腔内流体域压缩或伸长；吸、排油配流滑阀的运动分别使各滑阀环腔整体按不同的规律沿径向往复运动。这些流场的运动通过使用动网格（Dynamic Mesh）技术实现[36]。

在本例中需要对两类动网格行为做出设定，即①网格的刚性运动和②网格的变形。其中，网格刚性运动包括柱塞腔底面（柱塞顶面）的往复运动和配流滑阀各边界的往复运动；网格变形则指柱塞腔外圆柱面的伸缩变形。

1. 网格的刚性运动

Fluent 中有四种定义刚性运动的方法，分别是：定义 In－Cylinder（缸筒内的活塞运动）、定义 Profile 文件、定义六自由度模型和编写 UDF（User Defined Function）。其中 In－Cylinder 方法可以定义曲柄滑块机构的滑块运动；Profile 可以通过定义运动轨迹来描述物体或边界的运动；六自由度模型可以用于定义物体与流体作用力的耦合运动；UDF 既可以描述物体的运动轨迹也可以定义与流体动力耦合的运动。本例采用 UDF 来定义柱塞腔底面和滑阀各壁面的运动。

UDF 指定刚性运动的函数为 DEFINE_CG_MOTION[37]，使用该函数可以指定某一个计算域的网格按照设定的线速度和角速度运动，函数的基本结构如下：

```
DEFINE_CG_MOTION（name，dt，vel，omega，time，dtime）
/*   注释：name：运动的名称；
/*   dt：一个指针，Dynamic_Thread *dt，存储动网格属性，不需要干预；
/*   vel：线速度数组，vel[0]、vel[1]、vel[2]分别为 x、y、z 方向速度；
/*   omega：角速度数组，omega[0]、omega[1]、omega[2]分别为 x、
/*            y、z 方向的角速度；
/*   time：当前时间；
/*   dtime：时间步长。
/*   DEFINE_CG_MOTION 函数的目的是为 vel 和 omega 数组赋值。
{
  real a;              /*定义中间变量
  ……
  real b = 0.02;       /*定义常数，示例
  ……
  a = b + 1;           /*定义变量关系，示例
  ……
  vel[0] = ……;         /*为线速度赋值
  vel[1] = ……;
  vel[2] = ……;
  omega[0] = ……;       /*为角速度赋值
  omega[1] = ……;
```

```
    omega[2] =……;
}
```

在本例中，各刚性运动为具有不同相位的正弦运动。它们的初相位、线速度和角速度可分别根据其所在位置、驱动轮偏心距和转速计算得到。以1号柱塞腔底面的运动为例，其完整的函数如下：

```
#include <stdio.h>
#include "udf.h"
#include "math.h"
DEFINE_CG_MOTION(moving_wall_01,dt,vel,omega,time,dtime)
{
    real a =0.01;
    real n =750;
    real rot =2 * 3.141592654 * n/60;
    real phi0 =0;
    real phi =0;
    real theta = rot * time - phi + phi0;
    real drvdt = a * rot * cos(theta);
    real x_factor = cos(phi);
    real y_factor = sin(phi);
    real dxvdt = drvdt * x_factor;
    real dyvdt = drvdt * y_factor;
    vel[0] = dyvdt;
    vel[1] =0;
    vel[2] = dxvdt;
    omega[0] =0;
    omega[1] =0;
    omega[2] =0;
}
```

2. 网格的变形

当计算域的边界形状根据设定发生变化时，就需要重新计算内部网格节点的位置，Fluent中有三种算法：Layering（铺层）；Spring Smoothing（弹性光顺）和Local Remeshing（局部重构），如图5-32所示。其中Layering算法既能实现加层也可实现减层，能够根据计算区域的扩张或收缩自动生成新的网格层或合并网格层。该方法仅可用于四边形、六面体或三棱柱网格，不适用于三角形或四面体网格。Spring Smoothing算法能够根据计算域的形状变化直接拉伸或压缩网格单元；Local Remeshing算法则能够在网格由于被压缩或拉伸导致扭矩率过大或尺寸过小时，自动局部重构以使得网格质量满足要求。

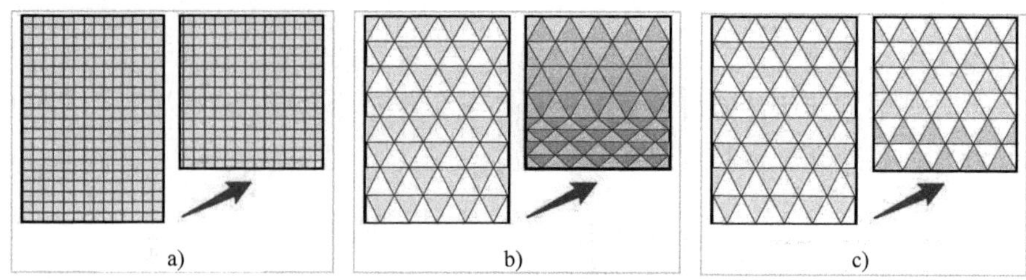

图 5-32 Fluent 动网格节点更新的三种算法

a）Layering b）Spring Smoothing c）Local Remeshing

本例中的柱塞网格为四面体网格，柱塞外壁网格节点更新算法选用 Spring Smoothing 和 Local Remeshing，设置方法如图 5-33 所示。

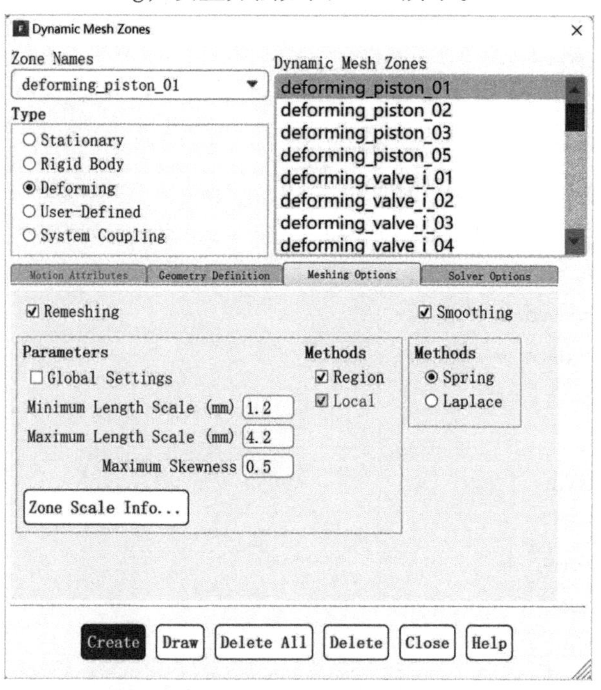

图 5-33 滑阀配流式径向柱塞泵的柱塞动网格设置方法

完成全部动网格设定后，在开始仿真求解前可利用“Display Zone Motion”和“Preview Mesh Motion”命令预览动网格，如图 5-34 所示，其中前者只演示刚体运动，不计算网格，演示结束后恢复原状；后者则在不求解物理模型的情况下执行刚性运动和动网格内部节点更新，预演结束后模拟时间停止在当前时间，且网格不复原。

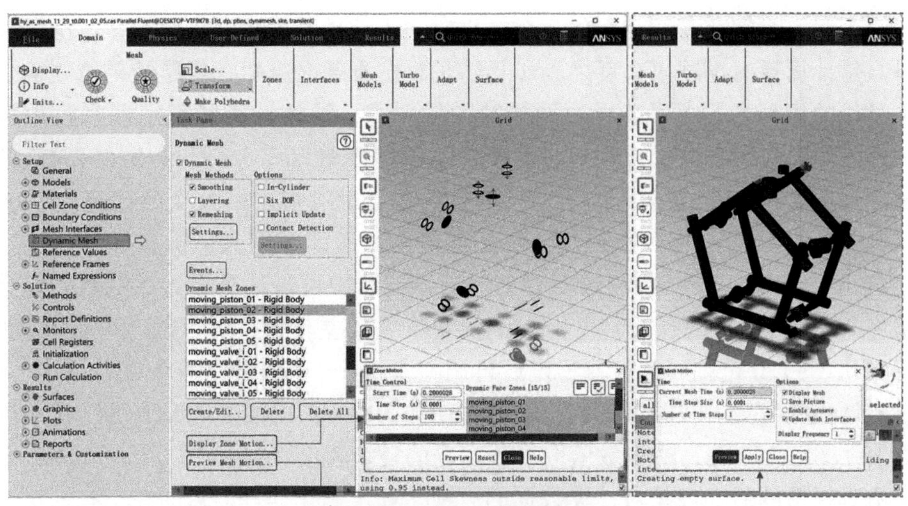

图 5-34　动网格预览设置

5.4.6　仿真计算及其后处理

如图 5-35 所示，在仿真计算前需要先对计算域初始化，即设定计算的初始条件（初始条件与边界条件合称为定解条件）。初始条件并不影响迭代计算结果，因此通常保持软件默认设定即可。对于动态仿真还需要设定每一步仿真结果的自动保存方式。最后，需要设定动态仿真的求解参数，主要包括仿真时间步数、步长，每步的最多迭代次数等。

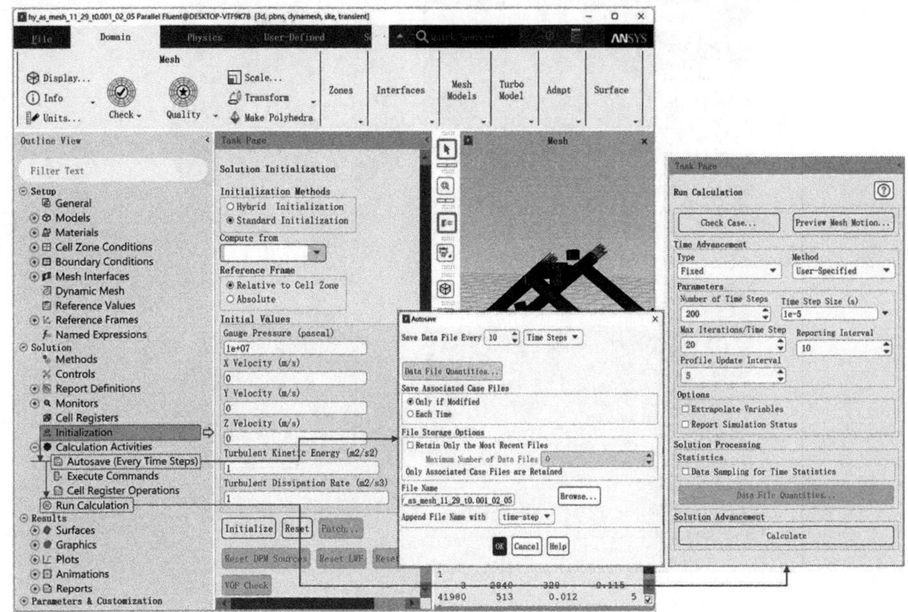

图 5-35　动态流场仿真求解流程

对于一定时间范围的动态仿真，仿真时间步长越短，仿真步数越多，结果越精细，但是计算耗时也越多；反之，步长越长，仿真耗时越短，但是结果越粗糙。此外，过长的仿真步长还可能导致网格畸变越严重，导致计算的稳定性和收敛性变差。为了获得较为合理的步长，应当使仿真的库朗数（Courant number）取值处于合理区间。所谓库朗数是指单位时间内流体运动距离与网格长度的比值（Courant number = $u\Delta t/\Delta x$），库朗数越小，仿真越精细；库朗数越大，仿真耗时越短。在显式格式中，库朗数默认为1.0，在某些二维问题中可以适当放大库朗数，但是不可超过2.0。在计算的开始阶段，由于初始流场残差较大，可以适当降低库朗数，如调到0.5～1.0范围，待计算稳定后再调高库朗数。若计算过程中残差快速上升，则需要调小库朗数。在隐式格式中默认库朗数为5.0，在很多情况下可以将默认值改为10、20、100等，具体数值取决于问题的复杂程度。

仿真结果的后处理是对计算数据的可视化和定制化处理，目的在于有针对性地获取某些流场特征或某个过程的动态变化规律，从而为试验或理论分析提供参考。在Fluent中可以非常方便地根据计算结果得到任意时间点、任意计算域上的压力、速度和温度分布，还可根据需要插入指定的平面或曲面，从而获得定制化的参数的分布规律。本例重点关注配流滑阀阀口切换过程中的流场压力和流速变化规律。通过观察穿过泵中轴的轴向剖面上的压强、流速随柱塞、滑阀运动的变化情况，可以发现：柱塞腔升压阶段，排油滑阀阀口刚刚打开时，在阀口处出现了逆流，如图5-36所示。根据压力、流速动态变化情况分析其原因是：在柱塞腔升压阶段，

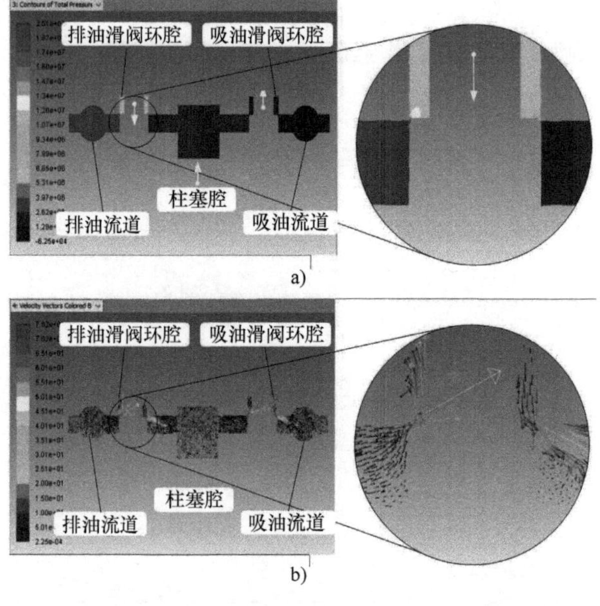

图5-36　排油滑阀阀口开启过程压力和流速动态

a）排油滑阀开启时流场压力云图　b）排油滑阀开启时流场速度矢量图

柱塞刚刚开始向上运动，腔内压力较低，而排油滑阀环腔内的压力与排油流道的压力相当，因此，排油滑阀环腔中的油液在压差的作用下流入柱塞腔，形成逆流。

5.5 基于 AMESim 的径向柱塞泵液压系统仿真

利用 CFD 流场仿真技术，可以观察指定物理参数在流场中的分布规律，以分析压力、温度和流速动态特征在流场中的动态变化过程。在设计流体机械以及研究其在液压传动系统中的综合工作特性时，常常还需要从系统角度研究流体的运动和动力传递规律。若采用 CFD 的方法研究整个系统的工作特性，存在建模难度高、计算时间长和结果后处理复杂等问题，且由于 CFD 计算得出的很多流场仿真结果往往不是开展系统分析时所需要的数据，因此，CFD 技术在系统级的仿真应用中针对性不强，工作效率较低。

液压系统仿真的基本模型不是流体的控制方程，而是元件或其基本组成部分的数学模型，因此，能够十分方便地构建出完整的液压传动系统。开展液压系统仿真的主要目的包括：

1）获得液压元件或内部部件的运动、受力与液流压力、流量间的耦合作用关系。

2）获取液压元件的输入、输出特性及其对负载的动态响应特性。

3）获得液压元件或系统的控制特性，验证控制算法的效用，为实物试验提供设计依据。

本节以滑阀配流式径向柱塞泵为例介绍建立径向柱塞泵液压系统模型的方法。基于所建立的模型，针对其阀口切换时的压力、流量冲击问题，介绍优化径向柱塞泵结构的方法。

5.5.1 径向柱塞泵的柱塞–滑阀单元模型

柱塞–滑阀单元是滑阀配流式径向柱塞泵的基本工作单元（见图 5-13），因此，首先建立该工作单元的系统模型，然后通过组合即可得到整个液压泵的模型。柱塞–滑阀单元如图 5-37 所示[31]，其中柱塞（Piston）、吸油滑阀（Inlet spool）和排油滑阀（Outlet spool）的运动均为正弦运动，分别以具有不同凸轮半径、偏心量和初相位的圆凸轮部件建模；柱塞腔以缸体和间隙泄漏元件建模；两个配流滑阀的泄漏均分别由固定容积腔体和两个泄漏模型建模，阀口的开度由两个受控的节流口等效模拟（由于每个配流阀的环腔分别通过两侧阀口与柱塞腔或外部流道连接，因此每个配流阀由对称的两个阀口模拟），控制信号来自于传动轴的转角。仿真基本参数列于表 5-2。利用“超级元件工具”[30]将柱塞–滑阀单元模型封装进“柱塞元件”，并利用“柱塞元件”，搭建五柱塞径向柱塞泵 AMESim 仿真模型，如图 5-38所示。

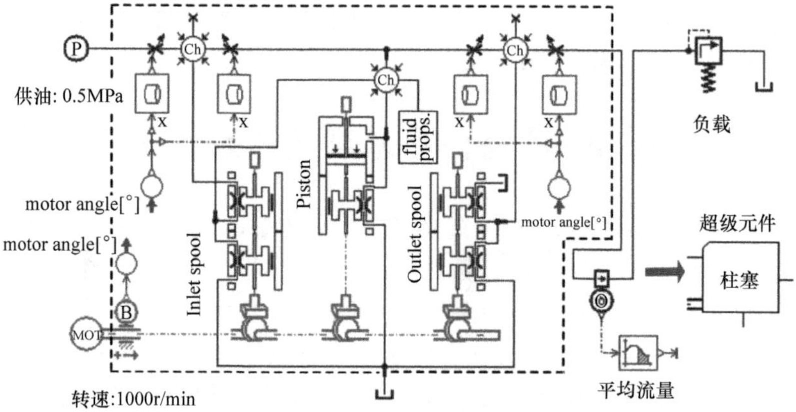

图 5-37　柱塞-滑阀单元 AMESim 仿真模型

表 5-2　液压系统仿真参数

参数	数值
柱塞直径/mm	35
柱塞行程/mm	20
柱塞腔困死容积/cm^3	17.3
最大密封长度/mm	43
滑阀阀芯上段长度/mm	20
滑阀阀芯下段长度/mm	54
轴向通流孔直径/mm	15
柱塞副、滑阀副平均间隙/μm	15
油箱压力/MPa	0.5
负载压力/MPa	20

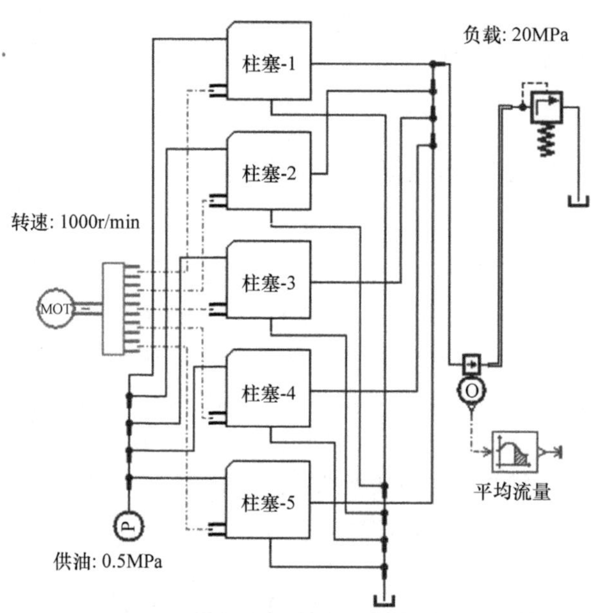

图 5-38　柱塞径向柱塞泵 AMESim 仿真模型

5.5.2 滑阀配流式径向柱塞泵的工作特性仿真分析

运行仿真，得到径向柱塞泵的输出流量曲线与阀口开度对照图如图 5-39 所示。图中以 1 号柱塞为例绘制了柱塞的相关阀口的开度以及吸入、输出流量曲线。可见，在 1 号吸油滑阀阀口和 1 号排油滑阀阀口各自打开的瞬间，1 号柱塞的吸入流和排出流中分别出现了一个短暂的逆流。这是由于在排油滑阀阀口刚刚打开时，与柱塞腔连通的油口由低压的泵吸油口切换到高压的泵排油口，柱塞腔中储存的低压力油液受到排油流道中的高压油的作用，体积被压缩，使得一部分排油流道中的油液瞬间补充进柱塞腔内，形成一个短暂快速的逆流。同理，当吸油滑阀阀口打开时，连通柱塞腔的油口由高压切换成低压，柱塞腔内的高压油液瞬间膨胀，使得一部分油液进入吸油流道，形成了吸油时的逆流。

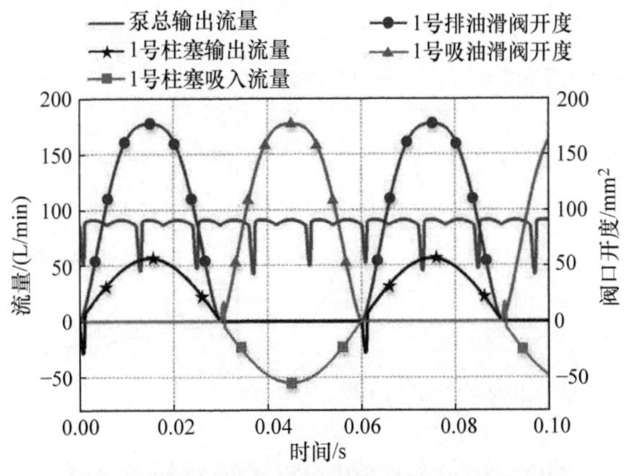

图 5-39 径向柱塞泵的输出流量曲线与阀口开度对照图

在配流切换过程中，柱塞腔内部压力的变化曲线如图 5-40 所示。在吸油滑阀和排油滑阀开启前的一瞬间，柱塞腔内的压力分别产生上升和下降的尖峰。这是由于在吸油滑阀开启前，原本处于打开状态的排油滑阀阀口逐渐接近关闭状态，阀口的开度非常小，在此短暂的时间内，柱塞腔处于接近封闭的状态，因此，由柱塞的运动产生的流量无法及时排出，造成柱塞腔内的压力升高，产生尖峰；同理，在排油滑阀开启前，柱塞腔也接近密闭状态，柱塞向下死点运动时，增大的柱塞腔容积无法被足够的油液补充，造成了柱塞腔内压力的下降，产生一个短暂的压力谷值。此外，在吸油滑阀和排油滑阀开启后的一瞬间，柱塞腔内的压力还分别产生了较微弱的下降和上升的尖峰，这是由于各阀口在刚刚打开时，其开启速度较柱塞的速度略小，如图 5-41 所示，使得油液无法及时补充进柱塞腔或由柱塞腔排出。

根据式（2-49）和表2-3，五柱塞径向柱塞泵理论流量波动系数为：4.98%。而根据上述计算机仿真结果，泵输出流量的峰值为 90.88L/min，谷值为 42.21L/min，

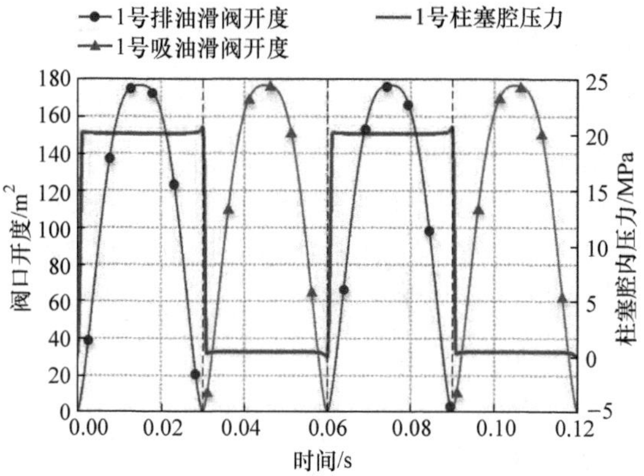

图 5-40　1 号柱塞腔内压力与阀口开度对照图

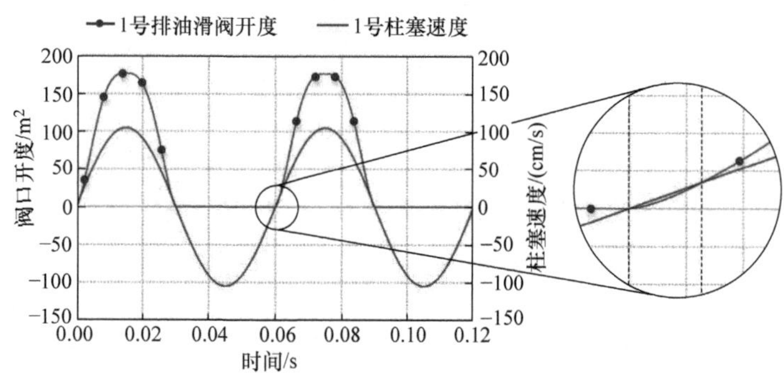

图 5-41　排油滑阀阀口开度与柱塞速度曲线

平均流量为 86.69L/min，由此计算得流量波动率为：56.14%，仿真结果的流量波动大大高于理论值。若不计由于阀口打开瞬间的逆流造成的流量波谷，则该泵的最小瞬时流量为 86.28L/min，在此情况下的流量波动率为 5.30%。可见，由于阀口打开瞬间的压力冲击造成的油液逆流是使泵的输出流量产生较大波动的主要原因。

5.5.3　径向柱塞泵仿真分析实例及其优化

改进阀口结构是降低径向柱塞泵配流冲击的方法之一。本小节以“预升压倒角”的设计过程为例介绍利用 AMESim 对径向柱塞泵开展结构优化的方法。

如图 5-42 所示，在配流滑阀下缘（控制阀口开启和关闭的边缘）配流正交叠段加工一角度为 φ 的倒角。其工作原理为：在滑阀阀口打开前，使柱塞腔先通过一个节流窗口与高压的排油流道连通（见图 5-43），允许少量高压油液流入柱塞腔，与柱塞在交叠段的预压缩作用一起实现柱塞腔的升压。

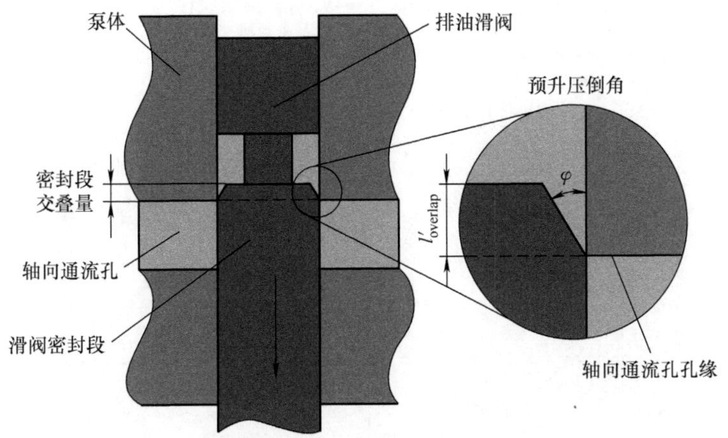

图5-42 预升压倒角结构示意图

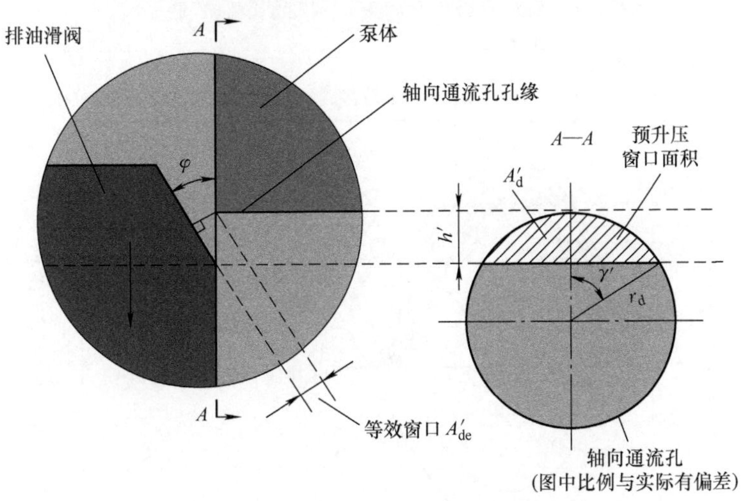

图5-43 预升压倒角形成的通流窗口

考虑预升压倒角所形成的通流窗口后，排油滑阀的阀口开启过程较图5-41所示曲线有所变化，且总通流面积受预升压倒角 φ 取值的影响，图5-44为预升压倒角 $\varphi=8°$ 时的总通流面积图。

为了归纳总通流面积随预升压倒角 φ 变化的趋势，图5-45汇总了不同 φ 取值下的通流面积随转角变化的曲线。由于 φ 为60°时，其总通流面积的变化规律已经十分接近于原泵中的情况，因此，无需对更大的倒角进行讨论。

将上述总通流面积数据分别输入图5-37所示柱塞AMESim模型中控制阀口开启的数据表格中并运行仿真，可分别得到 φ 等于1°、2°、4°、8°、15°、30°、45°和60°时泵的瞬时输出流量曲线，将各曲线显示在同一坐标系中，如图5-46所示。

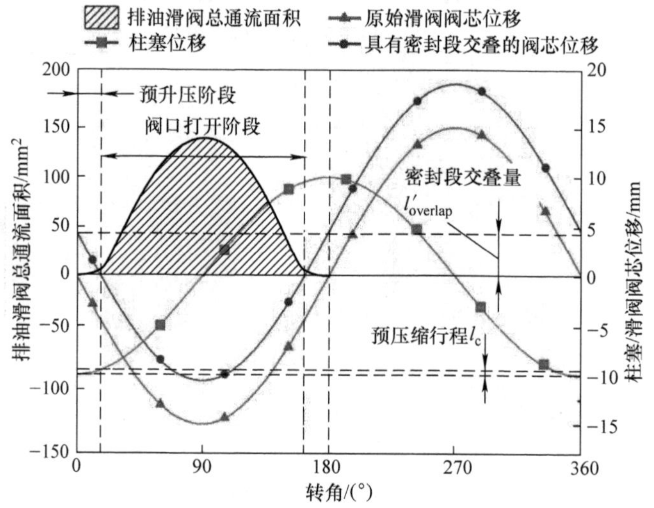

图 5-44　预升压倒角 φ 取为 8°时排油滑阀总通流面积

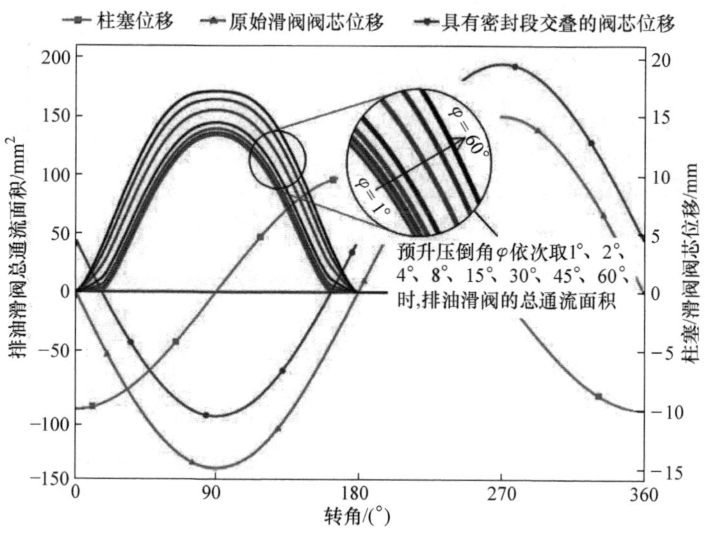

图 5-45　预升压倒角 φ 取不同值时排油滑阀总通流面积

利用仿真计算数据还可得到不同预升压倒角下的输出流量波动率，如图 5-47 所示。

由各曲线可以看出当预升压倒角较小时，泵的输出流量波动高于原泵，随着预升压倒角的增大，流量波动先迅速减小后又逐渐增大。在上述仿真实例中，只有 φ 取大于等于 8°的角度时，采用预升压倒角法后的流量波动才低于原泵，φ 取 15°及 30°时，下降到最低水平，此时流量波动由原来的 56% 降低到 44% 左右，降幅为

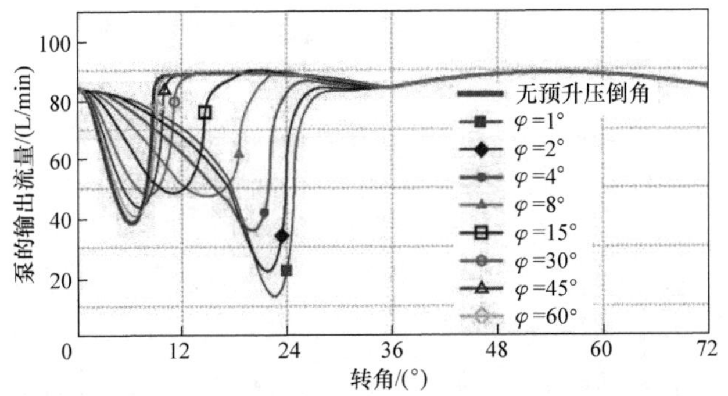

图 5-46　预升压倒角 φ 取不同值时泵的输出流量曲线

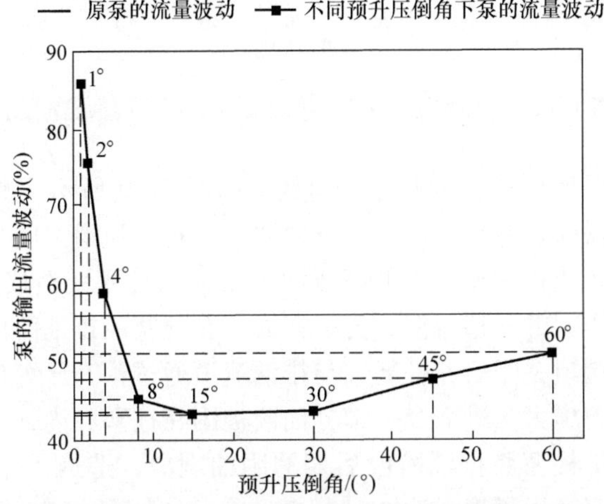

图 5-47　预升压倒角 φ 取不同值时泵的输出流量波动

21.4%左右。此外，采用预升压倒角法后，泵的输出流量波谷的宽度增加了，且 φ 取值越小，波谷越宽。泵的输出流量处于较低水平的时间的增加也就意味着总输出流量的减少，亦即平均输出流量的降低。各情况下的平均流量如图 5-48 所示，可见在预升压倒角法可能取得最佳降低流量波动效果区间（φ 取 15°至 30°），泵的平均输出流量降低了 1 个百分点左右。根据对排油滑阀总通流面积曲线（见图 5-45）的分析，造成上述输出流量波谷变宽，平均流量下降的现象的原因如下：采用预升压倒角法时，需在配流滑阀密封段上设置一定的交叠量，从而使得阀口延迟开启，提前关闭。虽然在“延迟”和“提前”阶段，柱塞腔能够通过预升压倒角形成的窗口与排油流道连通，但由于窗口的通流面积较小，阻尼较大，使得通过的液流受到限制，从而造成了输出流量的减少。

总之，通过基于 AMESim 的仿真，可知预升压窗口的节流阻尼对油液的流动具有两方面的影响：其一，使柱塞腔内部压力在其排油的开始阶段能够平稳过渡；其

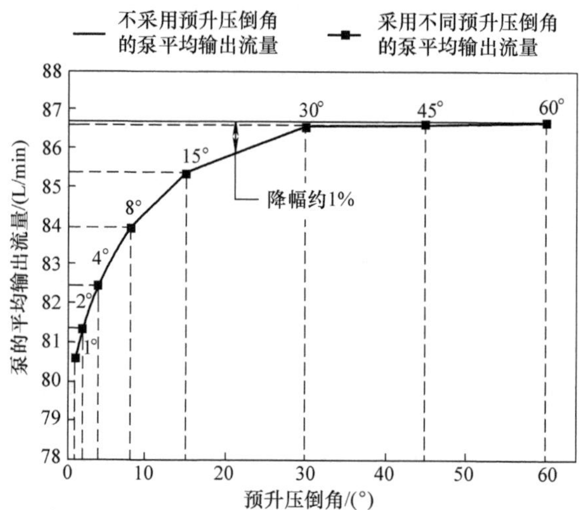

图 5-48　预升压倒角 φ 取不同值时泵的平均输出流量

二，造成排油阶段后期柱塞腔压力的超调量，如图 5-49 所示。具体来说，当柱塞腔刚刚进入排油阶段时，其内部压力还未建立，与排油流道之间具有较大压差，预升压窗口液阻可以防止排油流道中的高压油大量涌入柱塞腔造成流量和压力冲击，从而保证了柱塞腔压力的平稳过渡；另一方面，在柱塞腔排油阶段的后期，其内部压力与负载相当，阀口关闭后，柱塞腔与排油流道通过预升压窗口连通，较小的窗口使油液排出的阻力增大，进而令一部分油液被困在柱塞腔内，从而造成了柱塞腔压力的骤增。而正是柱塞腔排油阶段后期的困油现象，造成了平均输出流量的降低，使泵的容积效率产生了损失。

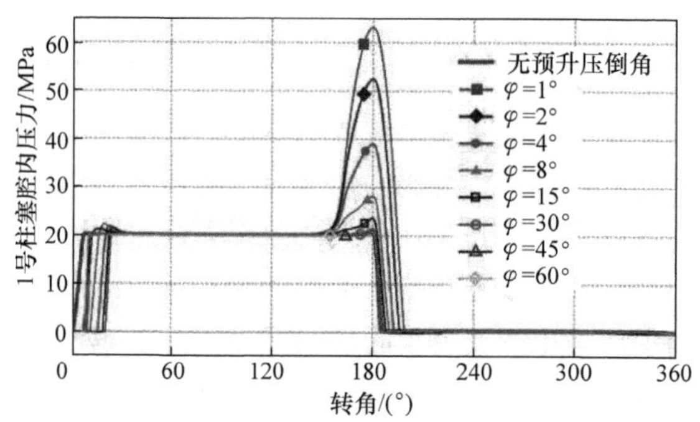

图 5-49　预升压倒角 φ 取不同值时 1 号柱塞腔内压力曲线

参考文献

[1] ACOTT C. The diving "Law - ers": A brief resume of their lives [J]. South Pacific Underwater Medicine Society Journal, 1999, 29 (1): 39 - 42.

[2] ENCYCLOPEDIA BRITANNICA. Archimedes (Greek mathematician) [EB/OL]. (2021 - 05 - 30) [2021 - 11 - 30]. https: //www. britannica. com/biography/Archimedes.

[3] ROGER J. Leonardo da Vinci: anatomist [J]. British Journal of General Practice the Journal of the Royal College of General Practitioners, 2012, 62 (1): 319.

[4] GROUP B P. Galileo Galilei (1564 - 1642) [J]. Br J Sports Med, 2006, 40 (9): 806 - 807.

[5] ROBINSON P J. Evangelista Torricelli [J]. The Mathematical Gazette, 1994, 78 (481): 37 - 47.

[6] CALERO J S. Application of Fluid Mechanics to Pumps and Turbines [M]. Netherland: Springer Netherlands, 2008.

[7] 艾萨克·牛顿. 自然哲学的数学原理 [M]. 赵振江, 译. 北京: 商务印书馆, 2006.

[8] DURST F, SPRINGERLINK. Fluid Mechanics: An Introduction to the Theory of Fluid Flows [M]. Berlin: Springer - Verlag Berlin Heidelberg, 2008.

[9] EULER L. Translation of Leonhard Euler's: General principles of the motion of fluids [J]. Académie Royale des Sciences et des Belles - Lettres de Berlin, 1775, Mémoires 11, 217 - 273.

[10] TANI I. History of Boundary Layer Theory [J]. Annual Review of Fluid Mechanics, 1977, 9 (1): 87 - 111.

[11] SUTERA S P A, SKALAK R. The History of Poiseuille's Law [J]. Annual Review of Fluid Mechanics, 1993, 25 (1): 1 - 19.

[12] SIMMONS C T. Henry Darcy (1803 - 1858): Immortalised by his scientific legacy [J]. Hydrogeology Journal, 2008, 16 (6): 1023 - 1038.

[13] 张鸣远. 高等工程流体力学 [M]. 西安: 西安交通大学出版社, 2008.

[14] FRANK K, STANLEY A B, STUART W C, et al. Fluid Mechanics [M]. Boca Raton Florida: CRC Press, 2004.

[15] JACKSON D, LAUNDER B. Osborne Reynolds and the Publication of His Papers on Turbulent Flow [J]. Annual Review of Fluid Mechanics, 2007, 39 (1): 19 - 35.

[16] WALLACE J M. Quadrant Analysis in Turbulence Research: History and Evolution [J]. Annual Review of Fluid Mechanics, 2016, 48 (1): 131 - 158.

[17] HAGER W H. Blasius: A life in research and education [J]. Experiments in Fluids, 2003, 34 (5): 566 - 571.

[18] GOLDSTEIN S. Theodore von Karman. 1881 - 1963 [J]. Biographical Memoirs of Fellows of the Royal Society, 1966, (12): 334 - 365.

[19] SEARS W R. Von Kármán: Fluid Dynamics and Other Things [J]. Physics Today, 1986, 39 (1): 34 - 39.

[20] 周培源. 非压缩性流体的湍流理论 [J]. 力学与实践, 2002, 24 (4): 1 - 9.

[21] PROBAB. A. Publications of A. N. Kolmogorov [J]. The Annals of Probability, 1989, 17

(3): 945 -964.

[22] TSINOBER A. Turbulence: The Legacy of A. N. Kolmogorov [J]. Journal of Fluid Mechanics, 1996, 317, 407 -410.

[23] GERSTEN K. Hermann Schlichting and the Boundary - Layer Theory [M]. Bochum: Springer Berlin Heidelberg, 2009.

[24] 林建忠, 阮晓东, 陈邦国, 等. 流体力学 [M]. 北京: 清华大学出版社, 2013.

[25] 陈卓如. 工程流体力学 [M]. 北京: 高等教育出版社, 2013.

[26] 约翰 D. 安德森. 计算流体力学基础及其应用 [M]. 吴颂平, 刘赵淼, 译. 北京: 机械工业出版社, 2007.

[27] ANSYS, INC. ANSYS Fluent Theory Guide [M]. Canonsburg: ANSYS, Inc., 2017.

[28] 胡坤, 胡婷婷, 马海峰. ANSYS CFD 入门指南: 计算流体力学基础及应用 [M]. 北京: 机械工业出版社, 2018.

[29] 梁全, 苏齐莹. 液压系统 AMESim 计算机仿真指南 [M]. 北京: 机械工业出版社, 2014.

[30] SIEMENS, LMS IMAGINE. Lab AMESim [EB/OL]. (2021 -01 -16) [2021 -06 -16]. http://www.plm.automation.siemens.com/en_us/products/lms/imagine - lab/index.shtml.

[31] GUO T, LIN T, REN H, et al. Modeling and theoretical study of relief chamfer method for reducing the flow ripple of a spool valves distribution radial piston pump [J]. Proceedings of the Institution of Mechanical Engineers, Part C: Journal of Mechanical Engineering Science, 2021, 235 (19): 3819 -3832.

[32] GUO T, ZHAO S, YU Y, et al. Design and theoretical analysis of a sliding valve distribution radial piston pump [J]. Journal of Mechanical Science and Technology, 2016, 30 (1): 327 -335.

[33] ANSYS, INC. Ansys SpaceClaim 3D CAD Modeling Software [EB/OL]. (2021 -06 -20) [2021 -10 -21]. https://www.ansys.com/products/3d - design/ansys - spaceclaim.

[34] PTC. CREO CAD Software [EB/OL]. (2021 -02 -20)[2021 -06 -21]. https://www.ptc.com/en/products/creo.

[35] LI L, LANGE C F, MA Y. Artificial intelligence aided CFD analysis regime validation and selection in feature - based cyclic CAD/CFD interaction process [J]. Computer - Aided Design and Applications, 2018, 15 (5): 643 -652.

[36] 隋洪涛, 李鹏飞, 马世虎, 等. 精通 CFD 动网格工程仿真与案例实战 [M]. 北京: 人民邮电出版社, 2013.

[37] ANSYS, INC. ANSYS Fluent UDF Manual [M]. Canonsburg: ANSYS, INC., 2017.

附　　录

附录 A　径向柱塞泵技术及相关领域国家标准、ISO 标准及行业标准一览表

序号	标准名称	标准号	类别
1	压力容器　第 1 部分：通用要求	GB 150. 1—2011	国家标准
2	压力容器　第 2 部分：材料	GB 150. 2—2011	国家标准
3	压力容器　第 3 部分：设计	GB 150. 3—2011	国家标准
4	压力容器　第 4 部分：制造、检验和验收	GB 150. 4—2011	国家标准
5	优先数和优先数系	GB/T 321—2005	国家标准
6	旋转电机　圆柱形轴伸	GB/T 756—2010	国家标准
7	流体传动系统及元件　图形符号和回路图　第 1 部分：图形符号	GB/T 786. 1—2021	国家标准
8	平键　键槽的剖面尺寸	GB/T 1095—2003	国家标准
9	普通型　平键	GB/T 1096—2003	国家标准
10	矩形花键尺寸、公差和检验	GB/T 1144—2001	国家标准
11	圆柱形轴伸	GB/T 1569—2005	国家标准
12	流体传动系统及元件　公称压力系列	GB/T 2346—2003	国家标准
13	液压传动连接　带米制螺纹和 O 形圈密封的油口和螺柱端　第 1 部分：油口	GB/T 2878. 1—2011	国家标准
14	液压传动连接　带米制螺纹和 O 形圈密封的油口和螺柱端　第 2 部分：重型螺柱端（S 系列）	GB/T 2878. 2—2011	国家标准
15	液压传动连接　带米制螺纹和 O 形圈密封的油口和螺柱端　第 3 部分：轻型螺柱端（L 系列）	GB/T 2878. 3—2017	国家标准
16	液压传动连接　带米制螺纹和 O 形圈密封的油口和螺柱端　第 4 部分：六角螺塞	GB/T 2878. 4—2011	国家标准
17	液压气动用 O 形橡胶密封圈　第 1 部分：尺寸系列及公差	GB/T 3452. 1—2005	国家标准
18	液压气动用 O 形橡胶密封圈　第 2 部分：外观质量检验规范	GB/T 3452. 2—2007	国家标准
19	液压气动用 O 形橡胶密封圈　沟槽尺寸	GB/T 3452. 3—2005	国家标准
20	液压气动用 O 形橡胶密封圈　第 4 部分：抗挤压环（挡环）	GB/T 3452. 4—2020	国家标准

（续）

序号	标准名称	标准号	类别
21	圆柱直齿渐开线花键（米制模数　齿侧配合）　第1部分：总论	GB/T 3478.1—2008	国家标准
22	机械制图　动密封圈　第1部分：通用简化表示法	GB/T 4459.8—2009	国家标准
23	机械制图　动密封圈　第2部分：特征简化表示法	GB/T 4459.9—2009	国家标准
24	橡胶密封制品　词汇	GB/T 5719—2006	国家标准
25	O形橡胶密封圈试验方法	GB/T 5720—2008	国家标准
26	机械密封名词术语	GB/T 5894—2015	国家标准
27	润滑剂、工业用油和相关产品（L类）的分类　第2部分：H组（液压系统）	GB/T 7631.2—2003	国家标准
28	液压泵和马达　空载排量测定方法	GB/T 7936—2012	国家标准
29	钢制管法兰用金属环垫　尺寸	GB/T 9128—2003	国家标准
30	钢制管法兰用金属环垫　技术条件	GB/T 9130—2007	国家标准
31	液压传动　旋转轴唇形密封圈设计规范	GB/T 9877—2008	国家标准
32	矩形内花键　长度系列	GB/T 10081—2005	国家标准
33	往复运动橡胶密封圈结构尺寸系列　第1部分：单向密封橡胶密封圈	GB/T 10708.1—2000	国家标准
34	往复运动橡胶密封圈结构尺寸系列　第2部分：双向密封橡胶密封圈	GB/T 10708.2—2000	国家标准
35	往复运动橡胶密封圈结构尺寸系列　第3部分：橡胶防尘密封圈	GB/T 10708.3—2000	国家标准
36	密封元件为弹性体材料的旋转轴唇形密封圈　第1部分：基本尺寸和公差	GB/T 13871.1—2007	国家标准
37	密封元件为弹性体材料的旋转轴唇形密封圈　第2部分：词汇	GB/T 13871.2—2015	国家标准
38	密封元件为弹性体材料的旋转轴唇形密封圈　第3部分：贮存、搬运和安装	GB/T 13871.3—2008	国家标准
39	密封元件为弹性体材料的旋转轴唇形密封圈　第4部分：性能试验程序	GB/T 13871.4—2007	国家标准
40	密封元件为弹性体材料的旋转轴唇形密封圈　第5部分：外观缺陷的识别	GB/T 13871.5—2015	国家标准
41	机械密封试验方法	GB/T 14211—2019	国家标准
42	液压缸活塞和活塞杆动密封装置尺寸系列　第1部分：同轴密封件尺寸系列和公差	GB/T 15242.1—2017	国家标准

（续）

序号	标准名称	标准号	类别
43	液压缸活塞和活塞杆动密封装置尺寸系列　第 2 部分：支承环尺寸系列和公差	GB/T 15242. 2—2017	国家标准
44	液压缸活塞和活塞杆动密封装置尺寸系列　第 3 部分：同轴密封件沟槽尺寸系列和公差	GB/T 15242. 3—2021	国家标准
45	液压缸活塞和活塞杆动密封装置用支承环安装沟槽尺寸系列和公差	GB/T 15242. 4—1994	国家标准
46	液压缸活塞和活塞杆动密封装置尺寸系列　第 4 部分：支承环安装沟槽尺寸系列和公差	GB/T 15242. 4—2021	国家标准
47	往复运动橡胶密封圈外观质量	GB/T 15325—1994	国家标准
48	旋转轴唇形密封圈外观质量	GB/T 15326—1994	国家标准
49	流体传动系统及元件　词汇	GB/T 17446—2012	国家标准
50	液压泵、马达和整体传动装置　稳态性能的试验及表达方法	GB/T 17491—2011	国家标准
51	圆锥直齿渐开线花键	GB/T 18842—2008	国家标准
52	密封元件为热塑性材料的旋转轴唇形密封圈　第 1 部分：基本尺寸和公差	GB/T 21283. 1—2007	国家标准
53	密封元件为热塑性材料的旋转轴唇形密封圈　第 2 部分：词汇	GB/T 21283. 2—2007	国家标准
54	密封元件为热塑性材料的旋转轴唇形密封圈　第 3 部分：贮存、搬运和安装	GB/T 21283. 3—2008	国家标准
55	密封元件为热塑性材料的旋转轴唇形密封圈　第 4 部分：性能试验程序	GB/T 21283. 4—2008	国家标准
56	密封元件为热塑性材料的旋转轴唇形密封圈　第 5 部分：外观缺陷的识别	GB/T 21283. 5—2008	国家标准
57	密封元件为热塑性材料的旋转轴唇形密封圈　第 6 部分：热塑性材料与弹性体包覆材料的性能要求	GB/T 21283. 6—2015	国家标准
58	非金属密封填料试验方法	GB/T 23262—2009	国家标准
59	静密封橡胶制品使用寿命的快速预测方法	GB/T 27800—2021	国家标准
60	液压传动　密封装置　评定液压往复运动密封件性能的试验方法	GB/T 32217—2015	国家标准
61	机械密封通用规范	GB/T 33509—2017	国家标准
62	旋转轴唇形密封圈　装拆力的测定	GB/T 34888—2017	国家标准
63	旋转轴唇形密封圈　摩擦扭矩的测定	GB/T 34896—2017	国家标准
64	液压传动　聚氨酯密封件尺寸系列　第 1 部分：活塞往复运动密封圈的尺寸和公差	GB/T 36520. 1—2018	国家标准

（续）

序号	标准名称	标准号	类别
65	液压传动　聚氨酯密封件尺寸系列　第 2 部分：活塞杆往复运动密封圈的尺寸和公差	GB/T 36520. 2—2018	国家标准
66	液压传动　聚氨酯密封件尺寸系列　第 3 部分：防尘圈的尺寸和公差	GB/T 36520. 3—2019	国家标准
67	液压传动　聚氨酯密封件尺寸系列　第 4 部分：缸口密封圈的尺寸和公差	GB/T 36520. 4—2019	国家标准
68	Fluid power systems and components – Graphical symbols and circuit diagrams – Part 1：Graphical symbols for conventional use and data – processing applications	ISO 1219 – 1：2012	ISO 标准
69	Fluid power systems and components – Graphical symbols and circuit diagrams – Part 1：Graphical symbols for conventional use and data – processing applications – Amendment 1	ISO 1219 – 1：2012/AMD 1：2016	ISO 标准
70	Fluid power systems and components – Graphical symbols and circuit diagrams – Part 2：Circuit diagrams	ISO 1219 – 2：2012	ISO 标准
71	Fluid power systems and components – Graphical symbols and circuit diagrams – Part 3：Symbol modules and connected symbols in circuit diagrams	ISO 1219 – 3：2016	ISO 标准
72	Fluid power systems and components – Nominal pressures	ISO 2944：2000	ISO 标准
73	Hydraulic fluid power – Pumps, motors and integral transmissions – Parameter definitions and letter symbols	ISO 4391：1983	ISO 标准
74	Hydraulic fluid power – Positive – displacement pumps, motors and integral transmissions – Methods of testing and presenting basic steady state performance	ISO 4409：2019	ISO 标准
75	Fluid power systems and components – Vocabulary	ISO 5598：2020	ISO 标准
76	Hydraulic fluid power – Sealing devices – Standard test methods to assess the performance of seals used in oil hydraulic reciprocating applications	ISO 7986：1997	ISO 标准
77	Hydraulic fluid power – Positive displacement pumps and motors – Determination of derived capacity	ISO 8426：2008	ISO 标准
78	Hydraulic fluid power – Determination of pressure ripple levels generated in systems and components – Part 1：Precision method for pumps	ISO 10767 – 1：1996	ISO 标准
79	Hydraulic fluid power – Determination of pressure ripple levels generated in systems and components – Part 1：Method for determining source flow ripple and source impedance of pumps	ISO 10767 – 1：2015	ISO 标准

（续）

序号	标准名称	标准号	类别
80	Hydraulic fluid power – Determination of pressure ripple levels generated in systems and components – Part 2：Simplified method for pumps	ISO 10767 –2：1999	ISO 标准
81	Hydraulic fluid power – Determination of pressure ripple levels generated in systems and components – Part 3：Method for motors	ISO 10767 –3：1999	ISO 标准
82	阀门零部件 螺母 螺栓和螺塞	JB/T 1700—2008	行业标准
83	55°非密封管螺纹内六角螺塞	JB/ZQ 4179—2006	行业标准
84	水用螺塞垫圈	JB/ZQ 4180—2006	行业标准
85	内六角螺塞（PN31.5）	JB/ZQ 4444—2006	行业标准
86	55°密封管螺纹内六角螺塞（PN10）	JB/ZQ 4446—2006	行业标准
87	60°密封管螺纹内六角螺塞（PN16）	JB/ZQ 4447—2006	行业标准
88	外六角螺塞	JB/ZQ 4450—2006	行业标准
89	55°非密封管螺纹外六角螺塞（PN16）	JB/ZQ 4451—2006	行业标准
90	圆柱头螺塞	JB/ZQ 4452—2006	行业标准
91	高压螺塞	JB/ZQ 4453—2006	行业标准
92	螺塞用密封垫	JB/ZQ 4454—2006	行业标准
93	外六角螺塞（PN31.5）	JB/ZQ 4770—2006	行业标准

附录 B　极坐标系与笛卡儿坐标系（直角坐标系）微分变换的推导

在极坐标系下有如下恒等式：

$$r^2 = x^2 + y^2 \tag{B-1}$$

对式（B-1）微分并除以 dt，得：

$$\frac{\mathrm{d}r}{\mathrm{d}t} = \frac{\mathrm{d}r(x,y)}{\mathrm{d}t} = \frac{\partial r}{\partial x}\frac{\mathrm{d}x}{\mathrm{d}t} + \frac{\partial r}{\partial y}\frac{\mathrm{d}y}{\mathrm{d}t} \tag{B-2}$$

式（B-2）中$\frac{\partial r}{\partial x}$和$\frac{\partial r}{\partial y}$可分别展开得：

$$\frac{\partial r}{\partial x} = \frac{\partial r(x,y)}{\partial x} = \frac{\partial (x^2+y^2)^{\frac{1}{2}}}{\partial x} = \frac{1}{2}(x^2+y^2)^{-\frac{1}{2}} \cdot 2x = \frac{x}{r} = \cos\theta \tag{B-3}$$

$$\frac{\partial r}{\partial y} = \frac{\partial r(x,y)}{\partial y} = \frac{\partial (x^2+y^2)^{\frac{1}{2}}}{\partial y} = \frac{1}{2}(x^2+y^2)^{-\frac{1}{2}} \cdot 2y = \frac{y}{r} = \sin\theta \tag{B-4}$$

将式（B-3）、式（B-4）代入式（B-2），化简得：

$$\frac{\mathrm{d}r}{\mathrm{d}t}=\frac{x}{r}\frac{\mathrm{d}x}{\mathrm{d}t}+\frac{y}{r}\frac{\mathrm{d}y}{\mathrm{d}t} \tag{B-5}$$

又因为

$$x=r\cos\theta \tag{B-6}$$

$$y=r\sin\theta \tag{B-7}$$

$$u_r=\frac{\mathrm{d}r}{\mathrm{d}t} \tag{B-8}$$

代入式（B-5）得：

$$u_r=u_x\cos\theta+u_y\sin\theta \tag{B-9}$$

由于

$$\theta=\arctan\frac{y}{x} \tag{B-10}$$

微分得

$$\mathrm{d}\theta=\mathrm{d}\theta(x,y)=\mathrm{d}\left(\arctan\frac{y}{x}\right)=\frac{\partial\theta}{\partial x}\mathrm{d}x+\frac{\partial\theta}{\partial y}\mathrm{d}y \tag{B-11}$$

将式（B-10）代入式（B-11），$\frac{\partial\theta}{\partial x}$和$\frac{\partial\theta}{\partial y}$展开得：

$$\frac{\partial\theta}{\partial x}=\left[\frac{1}{1+\left(\frac{y}{x}\right)^2}\right]\cdot[y\cdot(-x^{-2})]=\left(\frac{x^2}{x^2+y^2}\right)\cdot\left(-\frac{y}{x^2}\right)=-\frac{y}{r^2}=-\frac{\sin\theta}{r} \tag{B-12}$$

$$\frac{\partial\theta}{\partial y}=\left[\frac{1}{1+\left(\frac{y}{x}\right)^2}\right]\cdot\frac{1}{x}=\left(\frac{x^2}{x^2+y^2}\right)\cdot\left(\frac{1}{x}\right)=\frac{x}{r^2}=\frac{\cos\theta}{r} \tag{B-13}$$

代入式（B-11）得：

$$\mathrm{d}\theta=\frac{x\mathrm{d}y-y\mathrm{d}x}{r^2}=\frac{r\cos\theta\mathrm{d}y-r\sin\theta\mathrm{d}x}{r^2}=\frac{\cos\theta\mathrm{d}y-\sin\theta\mathrm{d}x}{r} \tag{B-14}$$

又因为

$$u_\theta=\frac{r\mathrm{d}\theta}{\mathrm{d}t} \tag{B-15}$$

将式（B-14）代入式（B-15）得：

$$\begin{aligned}u_\theta&=r\frac{\frac{\cos\theta\mathrm{d}y-\sin\theta\mathrm{d}x}{r}}{\mathrm{d}t}=\cos\theta\frac{\mathrm{d}y}{\mathrm{d}t}-\sin\theta\frac{\mathrm{d}x}{\mathrm{d}t}\\&=u_y\cos\theta-u_x\sin\theta\end{aligned} \tag{B-16}$$

联立式（B-9）和式（B-16），即

$$\begin{cases}u_r=u_x\cos\theta+u_y\sin\theta\\u_\theta=u_y\cos\theta-u_x\sin\theta\end{cases} \tag{B-17}$$

解出 u_x、u_y，得：

$$\begin{cases} u_x = u_r\cos\theta - u_\theta\sin\theta \\ u_y = u_r\sin\theta + u_\theta\cos\theta \end{cases} \tag{B-18}$$

因为，对于任意函数 $f(r,\theta)$，均有：

$$\frac{\partial}{\partial x}f(r,\theta) = \frac{\partial r}{\partial x}\cdot\frac{\partial}{\partial r}f(r,\theta) + \frac{\partial\theta}{\partial x}\cdot\frac{\partial}{\partial\theta}f(r,\theta) \tag{B-19}$$

$$\frac{\partial}{\partial y}f(r,\theta) = \frac{\partial r}{\partial y}\cdot\frac{\partial}{\partial r}f(r,\theta) + \frac{\partial\theta}{\partial y}\cdot\frac{\partial}{\partial\theta}f(r,\theta) \tag{B-20}$$

将式（B-3）和式（B-12）代入式（B-19），将式（B-4）和式（B-13）及（B-12）代入式（B-20）可得：

$$\begin{aligned} \frac{\partial}{\partial x}f(r,\theta) &= \cos\theta\frac{\partial}{\partial r}f(r,\theta) - \frac{\sin\theta}{r}\frac{\partial}{\partial\theta}f(r,\theta) \\ &= \left(\cos\theta\frac{\partial}{\partial r} - \frac{\sin\theta}{r}\frac{\partial}{\partial\theta}\right)f(r,\theta) \end{aligned} \tag{B-21}$$

$$\begin{aligned} \frac{\partial}{\partial y}f(r,\theta) &= \sin\theta\frac{\partial}{\partial r}f(r,\theta) + \frac{\cos\theta}{r}\frac{\partial}{\partial\theta}f(r,\theta) \\ &= \left(\sin\theta\frac{\partial}{\partial r} + \frac{\cos\theta}{r}\frac{\partial}{\partial\theta}\right)f(r,\theta) \end{aligned} \tag{B-22}$$

因此可知：

$$\frac{\partial}{\partial x} = \cos\theta\frac{\partial}{\partial r} - \frac{\sin\theta}{r}\frac{\partial}{\partial\theta} \tag{B-23}$$

$$\frac{\partial}{\partial y} = \sin\theta\frac{\partial}{\partial r} + \frac{\cos\theta}{r}\frac{\partial}{\partial\theta} \tag{B-24}$$

由于笛卡儿坐标系下的稳态连续性方程（忽略时变项）为

$$\mathrm{div}\boldsymbol{u} = \nabla\cdot\boldsymbol{u} = \frac{\partial u_x}{\partial x} + \frac{\partial u_y}{\partial y} = 0 \tag{B-25}$$

将式（B-23）和式（B-24）代入式（B-25）并化简可得：

$$\mathrm{div}\boldsymbol{u} = \nabla\cdot\boldsymbol{u} = \frac{\partial u_x}{\partial x} + \frac{\partial u_y}{\partial y} = \frac{\partial u_r}{\partial r} + \frac{u_r}{r} + \frac{1}{r}\frac{\partial u_\theta}{\partial\theta} = 0 \tag{B-26}$$

式（B-26）即极坐标系下的连续性方程。

附录 C　拉普拉斯算子与梯度算子的关系

拉普拉斯算子 Δ 是 n 维欧几里德空间中的一个二阶微分算子，定义为梯度的散度。对于任意函数 f，根据 Δ 的定义有：

$$\Delta f = \nabla\cdot(\nabla f) \tag{C-1}$$

证明 $\Delta f = \nabla^2 f$，步骤如下：

因为梯度算子∇定义为：

$$\nabla = \frac{\partial}{\partial x}\boldsymbol{i} + \frac{\partial}{\partial y}\boldsymbol{j} + \frac{\partial}{\partial z}\boldsymbol{k} = \left(\frac{\partial}{\partial x}, \frac{\partial}{\partial y}, \frac{\partial}{\partial z}\right) \tag{C-2}$$

所以

$$\nabla f = \frac{\partial f}{\partial x}\boldsymbol{i} + \frac{\partial f}{\partial y}\boldsymbol{j} + \frac{\partial f}{\partial z}\boldsymbol{k} \tag{C-3}$$

则

$$\begin{aligned}\nabla \cdot (\nabla f) &= \left(\frac{\partial}{\partial x}\boldsymbol{i} + \frac{\partial}{\partial y}\boldsymbol{j} + \frac{\partial}{\partial z}\boldsymbol{k}\right)\left(\frac{\partial f}{\partial x}\boldsymbol{i} + \frac{\partial f}{\partial y}\boldsymbol{j} + \frac{\partial f}{\partial z}\boldsymbol{k}\right) \\ &= \frac{\partial^2 f}{\partial x^2} + \frac{\partial^2 f}{\partial y^2} + \frac{\partial^2 f}{\partial z^2} = \nabla^2 f\end{aligned} \tag{C-4}$$

即

$$\Delta f = \nabla^2 f \tag{C-5}$$

得证。